EL NUEVO UNIVERSO Y EL FUTURO

DE LA HUMANIDAD

EL NUEVO UNIVERSO Y EL FUTURO DE LA HUMANIDAD

Cómo la nueva ciencia del cosmos transformará el mundo

Nancy Ellen Abrams y
Joel R. Primack

Traducción de Juan Pedro Campos Gómez

Antoni Bosch editor, S.A.
Palafolls 28, 08017 Barcelona, España
Tel. (+34) 93 206 07 30
info@antonibosch.com
www.antonibosch.com

Título original de la obra:
The New Universe and the Human Future: How a Shared Cosmology Could Transform the World

© 2011 by Abrams & Primack, Inc. This edition is published by arrangement with Yale University Press.
© 2013 de la edición en español: Antoni Bosch editor, S.A.
© de la fotografía de la cubierta: © Vladimir Piskunov

ISBN: 978-84-95348-95-1
Depósito legal: B-3965-2013

Diseño de la cubierta: Compañía
Fotocomposición: Impderedigit
Corrección: Andreu Navarro
Impresión: Novoprint

Impreso en España
Printed in Spain

Para Samara Bay y sus compañeros artistas; en sus manos está dibujar el retrato del nuevo universo y del futuro del hombre.

Las conferencias de la Fundación Dwight Harrington Terry sobre la religión a la luz de la ciencia y la filosofía

El acta de la donación establece que «el objeto de esta fundación no es fomentar las investigaciones y los descubrimientos científicos, sino la asimilación e interpretación de lo ya descubierto o de lo que en adelante se descubra, y su uso en favor del bienestar del hombre, en especial incorporando las verdades de la ciencia y de la filosofía en la estructura de una religión más amplia y más pura. El fundador cree que una religión así estimulará la búsqueda inteligente de la mejora de la condición humana en pos de un creciente vigor y excelencia. Con este fin, se establece que hombres eminentes en sus respectivos campos impartan conferencias sobre la ética, la historia de la civilización y la religión, la investigación bíblica, todas las ciencias y ramas del conocimiento importantes, todas las grandes leyes de la naturaleza, en especial las de la evolución... también sobre las interpretaciones de la literatura y la sociología que concuerden con el espíritu de esta fundación, a fin de que el espíritu cristiano pueda alimentarse de la plena luz del conocimiento del mundo y de que se pueda ayudar a la humanidad a alcanzar su mayor bienestar posible en esta Tierra». La presente obra constituye el último volumen publicado por esta fundación.

Índice

Agradecimientos

Muchísimas gracias a Priyamvada Natarajan y a los demás miembros del comité organizador de las Conferencias Terry en la Universidad de Yale por haber sido tan amables de albergarnos en octubre de 2009, durante las dos semanas de nuestras Conferencias Terry, y a Lauralee Fields por haber hecho que todo discurriese sin ningún tropiezo. Más gracias a nuestro agente, Douglas Carlton Abrams, cuya asesoría y ayuda fueron preciosas, y a nuestra maravillosa e incansable ayudante, Nina McCurdy, por el cuidado que puso en reunir nuestras ilustraciones y por haber creado artísticamente varias de ellas. Gracias y gracias y siempre más gracias a nuestra brillante hija, Samara Bay, cuyas revisiones han sido una ventana abierta no solo al texto original, sino al arte de contar historias y a la actitud de su generación. Nuestro reconocimiento para la editora de nuestro manuscrito, Laura Jones Dooly, por su cuidadoso trabajo y su entusiasmo desbordante. Y por último, gracias a nuestra responsable editorial de ensueño en Yale University Press, Jean E. Thomson Black. Desde el principio entendió los objetivos más profundos de este libro y dio la batalla por nosotros: sabemos la suerte que hemos tenido; nuestro agradecimiento es inmenso.

Introducción

El pensamiento moderno tiene abierta una gran brecha, como quizá no la haya habido nunca antes en la humanidad. Es tan común que apenas si se percata alguien de que está ahí mientras las catástrofes globales de origen natural y humano asuelan el planeta y las crisis personales de carácter existencial hacen lo propio con nuestras vidas particulares. La brecha es esta: no tenemos una explicación de cómo nosotros mismos, y todos nuestros congéneres humanos, encajamos en el universo. ¿Somos obra de un Dios benevolente? ¿Somos motas insignificantes perdidas en una roca solitaria en el espacio sin fin? Todas las culturas conocidas del pasado han sabido responder a preguntas como estas sin vacilar, aun cuando sus respuestas seguramente ahora nos parezcan extrañas o absurdas. Sabían cómo era su cosmos porque vivían en un mundo en el que todos compartían las mismas ideas. Nosotros, no.

Pese a todo lo que hemos aprendido en esta época de progreso científico, hemos perdido algo importante. Incluso entre un puñado de vecinos, es muy improbable que todos se hagan una misma idea del universo, y todavía es más improbable que alguna de esas ideas se base en hechos comprobados. Estamos divididos en lo que se refiere a la pregunta más fundamental para cualquier sociedad: ¿en qué universo vivimos? Sin consenso en esta cuestión y sin contar siquiera con un modo constructivo de pensar en cómo encajamos los seres humanos en el mundo, carecemos de ese referente común. Sin él somos muy pequeños.

Muchos creyentes están convencidos de que la Tierra se creó hace unos miles de años, y muchos que respetan la ciencia creen que la

Tierra es solo un planeta corriente de una estrella cualquiera en un universo donde ningún sitio es especial. *Ni los unos ni los otros tienen razón.* Ambos grupos trabajan con ideas del universo de las que ahora sabemos, científicamente, que son falsas. Mientras, los problemas mundiales crecen: brutalidad con la excusa de la religión, agotamiento de los recursos planetarios, caos climático, desastres económicos, y más. Actuamos día a día en un mundo que corre veloz, un mundo de alta tecnología, pero para miles de millones de usuarios la técnica moderna es como si fuese mágica. La astronomía no parece tener relevancia. La gente ve en los descubrimientos astronómicos una inspiración para los niños o un buen asunto para bromear con ingenio durante cinco minutos en una cena, pero poca gente posee la conciencia de una conexión entre lo que pasa en el espacio lejano y nosotros, aquí en este rincón. La verdad es, sin embargo, que hay una profunda relación entre nuestra carencia de una cosmología compartida y los problemas globales, que son cada vez peores. Sin un contexto coherente, que tenga un significado, los seres humanos no podremos empezar a resolver, juntos, los problemas globales. Si dispusiésemos de una idea compartida del cosmos, creíble para todos, que incluyese un relato de los orígenes del cosmos y de nuestros propios orígenes a la manera de los mitos de otras culturas, si dispusiésemos de visión aceptada como verdadera por todos en este planeta, los seres humanos veríamos nuestros problemas bajo una luz totalmente nueva y, casi con toda certeza, los resolveríamos. De llegar hasta ahí, desde donde estamos, es de lo que trata este libro.

Por una coincidencia increíblemente afortunada, hoy se está produciendo una revolución científica en la rama de la astrofísica denominada «cosmología». Esta revolución está desvelando nuestro cosmos. El significado de este descubrimiento, que sacude los cimientos del conocimiento, puede transformar nuestras mentes y, con ellas, nuestro mundo.

La cosmología científica es el estudio del universo *como un todo*: su origen, naturaleza y evolución. Esta disciplina ha progresado notablemente, desde finales del siglo XX, en comprender cómo funciona el universo aunque el universo visible sea menos del 1% de lo que realmente existe. La mayor parte de la materia del universo es «materia oscura», como la llaman los científicos, invisible. Este y otros descubrimientos fundamentales pueden hacer posible que se averigüe cómo funciona el universo a *todas* las escalas de tamaño y tiempo, incluida la nuestra. Gracias a estos nuevos conocimientos, empezamos a ver cómo encajamos los seres humanos en el gran cuadro del cosmos, cuál es nuestro significado dentro de ese contexto y por qué nuestras acciones aquí en la Tierra tienen una importancia que supera en mucho lo que la mayoría de los hombres son capaces de imaginar.

Los relatos religiosos de los orígenes, como los del Génesis, nunca han sido ciertos en lo que se refiere al universo (por ejemplo, este no se hizo en seis días), pero eran muy útiles como cosmología cultural. En vez de fidelidad científica a la realidad ofrecían una guía para vivir que confería la sensación de pertenecer a algo, que daba fuerza al permitir que el hombre se sintiera parte de una presencia mayor, compartida, que daba significado a los momentos de la vida más prosaicos. La cosmología científica moderna, por el contrario, dice mucho acerca de la materia oscura y del funcionamiento del universo, pero nada acerca de cómo deben vivir o sentir los seres humanos. Su intención es la de proporcionar fidelidad científica a la realidad, pero no la de dar sentido a la vida o servir de guía.

Sin embargo, esta escisión entre la ciencia y el significado del hombre no refleja una realidad inalterable, sino que es el resultado de una decisión histórica tomada hace cuatro siglos. Que la Iglesia católica arrestase y condenase a Galileo por enseñar que la Tierra se mueve hizo que los científicos de toda Europa se tentasen la ropa, pues Galileo era el mayor científico de su época y el primero que se hizo famoso. De ahí que científicos destacados como Descartes adoptasen –para protegerse– una política de no interferencia con la religión: no pretenderían tener autoridad sobre otra cosa que no fuese el mundo material; dejarían a la religión lo tocante a significados, valores y espíritu. Los padres de la Iglesia, por otra parte, tenían que protegerse de las batallas incesantes contra los descubrimientos científicos y del bochorno de que pusieran en duda sus doctrinas religiosas. Aceptaron este «compromiso cartesiano»; el arreglo ha servido para que la ciencia floreciese, sobre todo en los siglos pasados. Pero dado que nos enfrentamos a problemas enormes y acuciantes, el mundo moderno ya no puede mantener esta ficción histórica y seguir considerando que hechos y significados están automáticamente separados. No podemos permitirnos contar por un lado con un marco científico fiel a la realidad, mientras por el otro nos guiamos por nuestros sentimientos, filosofías y visiones del futuro dadas por antiguas fantasías que dicen responder a los hechos pero que han quedado refutadas hace mucho tiempo, porque esto es lo que realmente hemos estado haciendo. La humanidad necesita un marco coherente y creíble del universo que valga para todos nosotros y que proporcione a nuestras vidas y a nuestra especie un lugar que tenga un sentido en ese universo. Es hora de reconectar las dos formas diferentes de entender la *cosmología* del mundo –la científica y la mítica– en una sola: una interpretación, basada en la ciencia, de nuestro lugar en un universo que tenga un significado.

En este libro presentamos el nuevo marco científico del universo de forma tan visual como sea posible, pero nos aventuramos más allá de la ciencia y describimos lo que podría suponer para nuestras vidas este nuevo marco de conocimientos cosmológicos. Queremos mostrar que nuestra sociedad podría empezar a superar sus problemas globales, que actualmente parecen inabordables, de la siguiente forma: rellenando la inmensa laguna en nuestro pensamiento, aplicando las nuevas ideas de la cosmología y convirtiéndonos finalmente en una nueva sociedad global con un relato de nuestros orígenes aceptado por todos.

Al ayudarnos a entender nuestro lugar en un universo dinámico, evolutivo, donde el tiempo se mide tanto en miles de millones de años como en nanosegundos y cuyo tamaño se mide tanto en términos de grandes cúmulos de galaxias como en términos del núcleo de un átomo, la nueva cosmología nos da los conceptos que necesitamos para ponernos a pensar en, y a actuar para, el muy largo plazo. Nos permite apreciar nuestro significado como parte del universo. Uno de los problemas más terroríficos a que se enfrenta el mundo hoy es el gran número de personas que usan armas sofisticadas, de alta tecnología, para imponer con la violencia al mundo entero sus rivalidades regionales o sus estrechas ideas religiosas; en breve: personas que actúan globalmente pero piensan localmente. Es al revés de como debería ser: tenemos que pensar en una escala mayor que aquella en la que actuamos para que nuestras decisiones sean sabias. *Para actuar sabiamente a escala global, hemos de pensar cósmicamente.* Y por primera vez, tal cosa es posible.

La Tierra es increíblemente especial, más de lo que nadie hubiese podido imaginar antes del reciente descubrimiento de cientos de planetas que giran alrededor de estrellas cercanas. Y nuestra era es un momento increíblemente especial incluso en una escala temporal de miles de millones de años: somos la primera especie que ha evolucionado hasta adquirir la capacidad de destruir el planeta. ¿Lo haremos? ¿O seremos capaces de conseguir pasar, en un par de generaciones, del crecimiento exponencial con consecuencias medioambientalmente dañinas a una relación sostenible con este notable planeta, el único lugar hospitalario para criaturas como nosotros de todo el universo explorado? La respuesta podría afectar no solo a la humanidad, sino al futuro de toda inteligencia en el universo visible.

Hace una generación, el término *cósmico* era sugerente de manera vaga. Como no se sabía qué era en realidad el cosmos, *cósmico* no tenía un significado preciso. Cuando se usaba el término para modificar palabras como *conciencia* o *perspectiva* o *identidad,* el término *cósmico* resultaba pintoresco, si no ridículo. Pero ahora estamos empezando a saber lo que es el cosmos, desde lo más alejado del universo hasta una sola partícula elemental, así que hoy cabe entender la palabra *cósmico* no solo en su viejo sentido, con su ambigua mala fama, sino como un término que se refiere *de modo específico* al nuevo marco científico del universo. La conciencia cósmica es una conciencia que surge en este universo –sea humana o extraterrestre– y abarca la nueva concepción del universo, acepta sus principios y construye el conocimiento basándose en ellos. La identidad cósmica es nuestra propia identidad, basada en la manera concreta y fundamental que tenemos de encajar en este nuevo marco. En otras palabras, la palabra *cósmico* tiene ahora una legitimidad de la que carecía desde el amanecer de la ciencia moderna.

Pero este libro no trata de la ciencia *per se.* Trata de nosotros y de lo que como especie tenemos que hacer, ahora que sabemos por primera vez dónde estamos en el tiempo y en el espacio. Explica la mínima cantidad de cosmología necesaria para hacer llegar a cualquier persona interesada el nuevo significado de «dónde estamos»; para entender el libro no se requiere ninguna formación especial. Si su curiosidad científica sigue sin quedar satisfecha, échele un vistazo, por favor, a la sección *Preguntas más frecuentes,* al final del libro, o lea nuestra obra anterior, *The View from the Center of the Universe: Discovering Our Extraordinary Place in the Cosmos.* Donde de verdad se centra este nuevo libro es en la invitación, el imperativo realmente, de liberar a nuestra sociedad de formas falsas, obsoletas y peligrosas de concebir la realidad física, de abrir nuestras mentes al nuevo universo y de empezar a enseñar y a cultivar las apasionantes conexiones entre nuestro universo, por una parte, y por otra, tanto nuestra sensación interna de fuerza como nuestras actitudes políticas. Dicho brevemente, esta es una invitación a crear una «sociedad cósmica».

Algunas de las ilustraciones de este libro son fotogramas sacados de vídeos producidos con simulaciones, usando superordenadores, de aspectos clave de la evolución del universo. Cuando se encuentre el símbolo ▣, podrá ver estos vídeos en nuestra web http://new-universe.org. Además, encontrará otros videos ordenados según los capítulos de este libro. Por último, en esta versión en castellano se han omitido algunas ilustraciones de la versión original en inglés, aunque todas se encuentran en la página web indicada.

Es muy posible que el éxito a largo plazo de nuestra especie dependa de que nos convirtamos en una sociedad cósmica, capaz de pensar en la escala grande mientras actuamos en la pequeña. Una sociedad cósmica no consiste en ir a toda velocidad por la galaxia visitando extraterrestres; consiste en expandir el pensamiento y transformar nuestros actos aquí, en el planeta Tierra. Es radical pero simple, y por primera vez en la existencia de la humanidad la tenemos a nuestro alcance.

El nuevo universo

Los científicos solían bromear diciendo que la cosmología era una disciplina en la que el cociente entre teoría y datos era casi infinito. Montones de teorías, y apenas si un dato. Pero a lo largo de los últimos veinte años el cociente se ha invertido: ahora casi es cero. Disponemos de una cantidad de datos enorme, que no para de crecer, que ha permitido descartar todas las teorías menos una, que no solo concuerda con todos los datos de que se dispone, sino que ha ido prediciendo otros hechos. Esta teoría única es el fundamento de una nueva concepción del cosmos, nuestro nuevo universo. Su nombre técnico, según su acrónimo en inglés, es lambda CDM, pero resulta más simple llamarla «teoría doble oscura».

En esta nueva forma de concebir el cosmos, todo lo que se puede ver con los mayores telescopios, tanto instalados sobre la Tierra o en órbita a su alrededor, es solo la mitad del 1% de lo que el universo realmente contiene.

Las estrellas, las nubes de gas que emiten un resplandor, los planetas (fig. 1) y los cien mil millones de galaxias que hay hasta el horizonte cósmico (fig. 2) pertenecen a ese medio por ciento visible. Lo demás, ¿qué es? Al universo, *como un todo*, lo controlan dos cosas invisibles cuyo baile de la una con la otra, que prosigue desde el *Big Bang*, ha creado las galaxias visibles, únicos hogares para los sistemas planetarios y la vida. Las dos bailarinas que no vemos son la *materia oscura* y la *energía oscura*, las dos «oscuridades» de la teoría doble oscura. Pese a su abrumadora importancia para el universo como un todo, hasta el siglo XX nada se sabía de la materia oscura ni de la energía oscura;

ni siquiera se las había podido imaginar nadie. Entre la materia oscura –que provocó el derrumbe sobre sí mismas de las ingentes masas
de materia que dieron lugar a las galaxias— y la energía oscura –que
hace que estas galaxias se alejen unas de otras cada vez más deprisa–
nuestro universo en evolución ha resultado ser mucho más dinámico
que en la vieja idea de un espacio sin fin salpicado de estrellas.

De la cosmología moderna está brotando el primer relato científicamente fidedigno de la naturaleza y origen del universo.[1] Basándose en los grandes logros del siglo XIX y de principios del XX
–en particular la evolución, la relatividad y la mecánica cuántica–,
el final del siglo XX y el principio del XXI han sido una edad de oro
de la astronomía. En un sentido muy real, hemos descubierto el
universo.

El nuevo panorama científico difiere de todos los anteriores relatos de la creación no solo en que se basa en hechos, sino en que es el
primero que nace de la colaboración de personas de diferentes religiones, razas y culturas del mundo entero, cuyas contribuciones están
sujetas a un mismo criterio de verificabilidad. El nuevo concepto del
universo no excluye a nadie y ve a todos los seres humanos como igua-
les. Nos pertenece a todos, no solo porque todos somos parte de él,
sino porque en todas partes, la investigación necesaria para descubrir-
lo ha sido, en muy gran medida, financiada públicamente. El fruto de

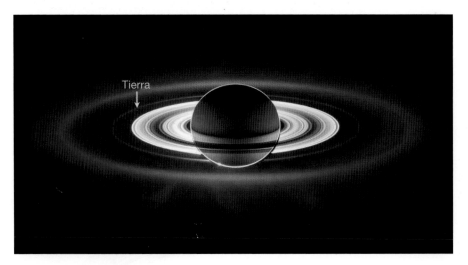

Fig. 1. Saturno con la Tierra al fondo

esta colaboración transnacional podría llegar a constituir una visión unificadora y creíble de la realidad en el sentido más amplio, donde la Tierra, nuestras vidas y las ideas de todas nuestras religiones están inmersas.

En toda la historia de la civilización occidental solo ha habido tres concepciones físicas del universo fundamentalmente diferentes, si bien dentro de cada una de ellas hayan existido incontables varia-

Fig. 2. El campo ultraprofundo del Hubble en luz infrarroja

ciones. En la primera, la Tierra era plana. Fijémonos, por ejemplo, en una representación del cosmos procedente del antiguo Egipto (fig. 3).

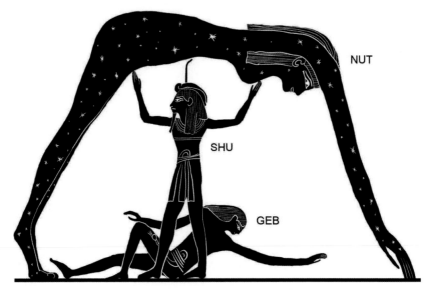

Fig. 3. El cosmos de los antiguos egipcios, versión simplificada

Vemos que la Tierra plana es un dios llamado Geb. El cielo es su hermana y amante, la diosa Nut, cuyo cuerpo contiene las estrellas. Nut y Geb, cielo y Tierra, nacieron aferrados el uno a la otra en un abrazo; fue su padre, Shu, el dios del aire o del espacio, quien los separó. Anhelaban volver a juntarse, pero Shu los mantenía separados interponiendo el espacio entre ellos. Los egipcios creían que solo seguirían separados si no dejaban de realizar los ritos prescritos como era debido, día tras día. Si abandonaban su religión, el cielo y la Tierra se juntarían de nuevo y sería el fin de la creación. Así, al practicar su religión, los antiguos egipcios creían que estaban apuntalando, entiéndase al pie de la letra, el cosmos, lo que les daba la sensación de que realmente eran importantes.

En esta magna visión de los egipcios, la Tierra era parte de un cosmos repleto de dioses, un cosmos sobrecogedor pese a que en su mayor parte era invisible. Las aguas del Nilo fluían desde el mundo espiritual hasta los campos. El pueblo egipcio descendía de los dioses. Se solía pintar a Nut en el interior de las tapas de los ataúdes, de forma que los difuntos yaciesen bajo la protectora presencia de la diosa y se les diese la bienvenida cuando retornaran a ella.

Las historias de los dioses –no solo Geb, Nut y Shu, sino muchos, muchos otros– explicaban a los antiguos egipcios por qué las cosas funcionaban como lo hacían. Su cosmología era más complicada que lo expuesto aquí y había muchas versiones locales, pero tenían esto en común: proporcionaban una explicación rica y satisfactoria de la vida, la naturaleza, el cosmos y la divinidad, aunque las partes correspondientes a la naturaleza y al cosmos distasen de ser realistas según los criterios modernos.

Mucho después, en los antiguos Israel y Judá, el cosmos de la Tierra plana seguía reinando, indiscutido (fig. 4). La estructura tripartita, cielo, Tierra y en medio el espacio, era la misma para los hebreos que para los egipcios; sin embargo, las partes ya no eran dioses, sino una Tierra, aire y firmamento inanimados, ya que para los hebreos solo había un Dios.

Fig. 4. El cosmos de los antiguos hebreos

Se produjo entonces el primer gran cambio cosmológico en la historia de Occidente. La imaginación griega se desprendió de la Tierra plana, bidimensional, y adoptó un universo tridimensional. Los griegos comprendieron que la Tierra no es una torta que reposa sobre el agua, sino una esfera rodeada de aire. A lo largo de los mil años siguientes, esta idea se fue difundiendo lentamente hasta que, en la Edad Media, las personas educadas de Oriente Próximo y del norte de África, así como de toda Europa hasta Escandinavia, creían que la Tierra era una esfera en el centro de un universo esférico (fig. 5).

Se pensaba por entonces que en el firmamento no había nada que no girase alrededor de la Tierra. Unas esferas de cristal, encajadas unas en otras, arrastraban a los planetas, a la Luna y al Sol, mientras que la esfera más exterior arrastraba a las estrellas fijas. El universo entero rotaba alrededor de la Tierra una vez al día, y más allá de la esfera de las estrellas fijas estaba el cielo. Según la concepción cristiana medieval, Dios había situado las esferas exactamente donde les correspondía en una «gran cadena del ser», y el lugar de cada criatura e institución de la Tierra era parte de la prolongación descendente de la jerarquía cósmica de las esferas. Se consideraba blasfemo poner en entredicho la jerarquía o el lugar que se ocupase en ella, ya que era el lugar que Dios había escogido para cada uno. Esta cosmología medieval, como la egipcia, explicaba la estructura social de la época y al mismo tiempo la imponía rígidamente. La concepción medieval, como la egipcia, proporcionaba a la gente común una explicación satisfactoria de su existencia. Se entendía que el mundo ordinario estaba rodeado de un cosmos espiritual, y los actos y expectativas de los seres espirituales que habitaban allí daban significado a la vida diaria aquí. Este era el panorama cósmico tan bellamente descrito por Shakespeare en *Cimbelino* (acto 5, escena 5), obra que se escribe, tiene su gracia, en el mismo momento en que Galileo lo refutaba:

> ¡La bendición de estos cielos que todo lo cubren caiga sobre sus cabezas como rocío! Pues son dignos de tachonar el cielo con estrellas.

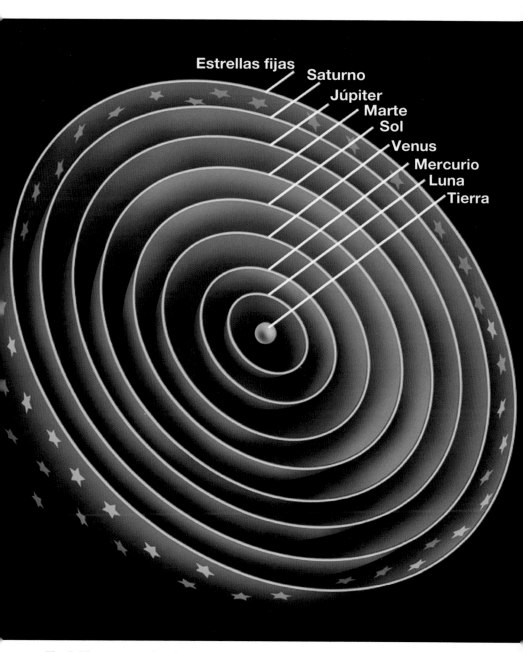

Fig. 5. El cosmos medieval

El segundo gran cambio cosmológico empezó en 1543, cuando un clérigo, Nicolás Copérnico, planteó que resultaba más fácil entender los movimientos de los planetas si se consideraba que en el centro no estaba la Tierra, sino el Sol. A lo largo del siglo siguiente, Galileo, Johannes Kepler e Isaac Newton completaron la revolución copernicana al presentar numerosas observaciones indicando que la Tierra no podía ser el centro del universo y al elaborar la física de un universo centrado en el Sol. Esta nueva concepción del cosmos dio lugar a unas controversias tremendas, pero consiguió afianzarse a causa de su potencia predictiva y explicativa. La concepción medieval fue sustituida por el universo que ahora llamamos newtoniano: el cosmos de la Ilustración.

En el universo newtoniano la Tierra no es el centro del universo. No hay centro. La Tierra es un planeta que se mueve como los demás alrededor de nuestra estrella, el Sol. No hay lugar en el universo que sea especial o central, y menos el nuestro. El intrigante dibujo de M. C. Escher titulado *División cúbica del espacio*, aunque no incluye objetos celestes, retrata claramente la idea newtoniana fundamental de que el espacio es una retícula infinita donde ningún lugar es diferente de los demás (fig. 6). Por primera vez en la historia de las cosmologías dejó de haber un lugar donde lo físico se convertía en espiritual. Era físico en toda su extensión, posiblemente hasta el infinito.

Desde el siglo XVII, el universo newtoniano ha ido siendo cada vez más prevalente, de manera que las personas con creencias religiosas han tenido a menudo que elegir: o (1) negar la validez de la ciencia y quedar aisladas de una buena parte del progreso de la humanidad, o (2) adoptar una visión dualista en la que se aceptaba la ciencia pero se creía que había dos tipos de realidad, la espiritual y la física, en la que la «espiritual» no estaba sujeta a las leyes de la física. Con la mente así dividida, es posible creer en la ciencia y seguir creyendo a la vez en casi cualquier otra cosa. Por fortuna, (1) y (2) ya no son las únicas alternativas.

Vivimos en el tercer gran cambio cosmológico, una revolución científica tan profunda en sus consecuencias, seguramente, como la copernicana. La revolución actual empezó a principios del siglo XX, cuando la mayoría de los astrónomos todavía creía que la *Vía Láctea era el universo*. En el siglo XVIII, por ejemplo, el astrónomo británico William Herschel, al dibujar la Vía Láctea, puso erróneamente el Sol

Fig. 6. El cosmos newtoniano, según lo representa la *División cúbica del espacio* de M. C. Escher

cerca del centro (fig. 7). En aquellos tiempos, a todos los objetos borrosos observados por los astrónomos se les llamaba *nebulae*, que significa 'nubes'; es decir, creían que eran nubes de gas situadas dentro de la Vía Láctea. Pero el astrónomo estadounidense Edwin Hubble descubrió en 1924 que algunas nebulosas eran en realidad galaxias que estaban muy lejos de la Vía Láctea. De pronto, nuestra galaxia se convirtió en solo una más entre miles de millones; el universo se agrandó incalculablemente. Luego, en 1929, Hubble hizo un descubrimiento aún más asombroso: las galaxias distantes se están alejando de nosotros, y cuanto más lejos están, más deprisa se alejan. Hubble había descubierto la expansión del universo. Mediante un razonamiento retrospectivo, los astrónomos comprendieron que si ahora el universo se estaba expandiendo es que tuvo que haber una época en la que todo se encontraba mucho más junto. Era el *Big Bang*, o «gran explosión», pero no había todavía pruebas directas de su existencia.

A mediados del siglo XX hubo un vivo debate en astronomía entre la teoría del *Big Bang* y la teoría del estado estacionario. Ambas aceptaban las evidencias de que el universo se estaba expandiendo,

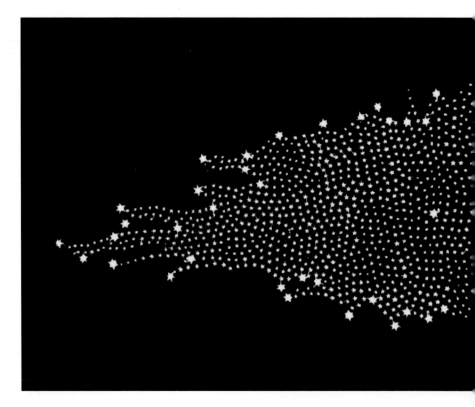

Fig. 7. El mapa de la Vía Láctea que dibujó William Herschel

pero los que propugnaban el estado estacionario sostenían que no hubo *Big Bang*; el universo no tenía ni principio ni final y, en líneas generales, no cambiaba, ya que se creaba materia espontáneamente y esa materia formaba galaxias nuevas a medida que las viejas se iban separando. La teoría del estado estacionario, sin embargo, quedó muy tocada cuando se descubrió en 1965 que una débil radiación térmica, procedente del *Big Bang*, impregnaba el universo entero. Y después recibió un golpe fatal cuando se descubrió que las galaxias muy distantes (en el tiempo y en el espacio) no son como las cercanas: el universo había estado evolucionando. La teoría del *Big Bang* se ganó una aceptación general en lo que valía, pero no podía explicar por qué una explosión universal acabó formando galaxias. Esto ocurría décadas antes de que la teoría doble oscura ofreciese una explicación.

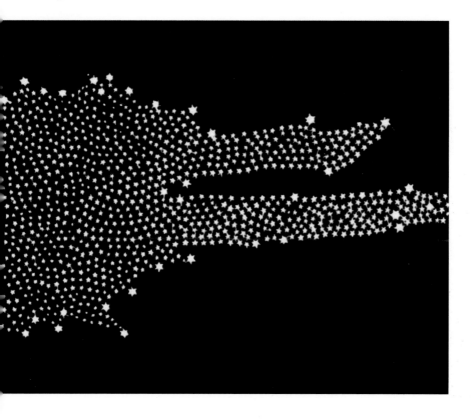

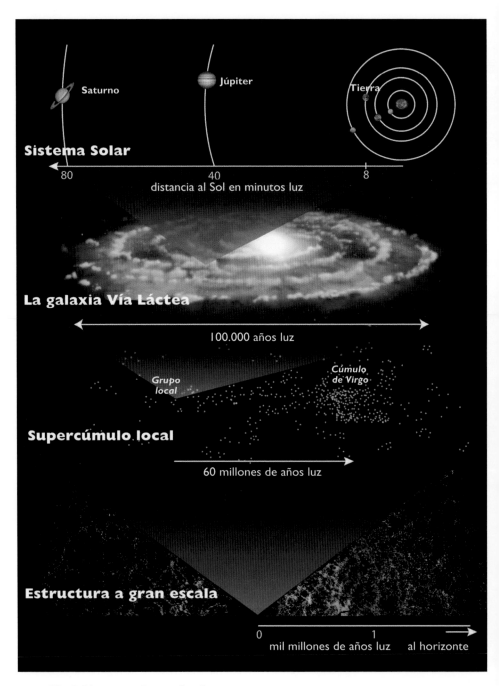

Fig. 8. Nuestras señas en el universo

Hacia 1980, más o menos, la mayoría de los astrónomos se había convencido ya de que la mayor parte de la masa que mantiene unidas las galaxias y los cúmulos de galaxias es invisible, pero no sabían cómo sucedía. En 1993 se tuvo la primera prueba sólida de que la parte de la teoría doble oscura que se refiere a la materia oscura fría podía ser cierta. En esas, en 1998, unos astrónomos descubrieron que la expansión del universo está en realidad acelerándose; era la primera auténtica confirmación de la energía oscura. Desde entonces, todas las observaciones astronómicas, que se han ido acumulando rápidamente, respaldan el modelo doble oscuro.

Esta revolución nos presenta una oportunidad tan excepcional que solo dos veces antes la ha habido: la oportunidad de volver a concebir la realidad misma en el amanecer de una nueva visión del universo. Ahora, la gran pregunta es: ¿qué va a hacer nuestra civilización con esta nueva concepción del cosmos? Pero a eso ya llegaremos más adelante. Antes, tenemos que entender esta nueva visión, y cualquiera que tenga una mente abierta puede conseguirlo.

La mejor forma de entender nuestra identidad cósmica es partiendo de casa y yendo hacia fuera (fig. 8). De los ocho planetas de nuestro sistema solar, la Tierra es el tercero a partir del Sol, un planeta que no es ni demasiado caliente ni demasiado frío. La luz atraviesa el sistema solar en unas horas, así que el tamaño del sistema solar se mide en «horas luz». Pero cruzar nuestra galaxia, la Vía Láctea, le lleva a la luz unos cien mil años. (La velocidad de la luz en el espacio es de unos trescientos mil kilómetros por segundo, y no varía. Un año luz es la distancia que recorre la luz en un año.) Nuestro sistema solar entero es una minúscula mota a medio camino, más o menos, entre el borde visible de la Vía Láctea y su engrosamiento central lleno de estrellas.

La Vía Láctea forma parte de lo que los astrónomos llaman el «Grupo local» de galaxias. Es un grupo que se mantiene unido por la gravedad y que consta de dos grandes galaxias –la nuestra y la de Andrómeda– más una cincuentena de galaxias menores. Nuestro Grupo local es solo una mota a la escala del Supercúmulo local de galaxias, unas mil galaxias brillantes (y muchos miles de galaxias débiles) dispersas en una lámina gruesa de unos cien millones de años luz de extensión que aún sigue expandiéndose. Inmerso en el Supercúmulo local, a unos sesenta millones de años luz de nosotros, está el Cúmulo de Virgo de galaxias. Se llama así porque lo vemos en la dirección en que se encuentra la constelación de Virgo, aunque más lejos: lo que solemos llamar las constelaciones están formadas por estrellas de nuestra propia galaxia, no lejanas al Sol, que se interponen, pues, en un primer plano.

A partir de las siguientes fotos (y las que se puedan ver en nuestra web) emprendemos un viaje virtual que parte de la Tierra, deja atrás las estrellas locales, que son cartografiadas de verdad, sale del disco de la Vía Láctea y recorre parte de nuestro Supercúmulo local hasta el Cúmulo de Virgo. Puede verse en ▣ *Viaje al Cúmulo de Virgo*, un vídeo de nuestro sitio web, http://new-universe.org.

A un lado de la constelación de Orión, tal como se la ve desde la Tierra, la Vía Láctea se arquea a través del cielo hacia la izquierda. La espada que cuelga del cinturón de Orión se va deshaciendo a medida que nos acercamos a ella porque las estrellas que la componen están a diferentes distancias. Acercándonos más vemos que el centro de la espada no es una estrella, sino la nebulosa de Orión, una nube de gas iluminada por las jóvenes estrellas que allí se forman (fig. 9).

Pero todo esto se encuentra dentro del disco de la Vía Láctea, donde nubes de polvo bloquean parte de la luz. Si nos alzamos sobre el disco, fuera de él, veremos el panorama completo de nuestra galaxia, con sus cientos de miles de millones de estrellas (fig. 10). La Vía Láctea tiene dos galaxias satélite cercanas, las Nubes de Magallanes, visibles justo a su izquierda. Las pequeñas manchas de luz al fondo no son estrellas, sino galaxias, muchas de las cuales brillan tanto como la Vía Láctea. Todas estas galaxias están en nuestro Supercúmulo local.

Los cúmulos de galaxias, como el de Virgo, se encuentran en las intersecciones de cadenas o filamentos de galaxias. Al Cúmulo de Virgo se le ve aquí con una larga cadena de galaxias que se extiende hacia la derecha (fig. 11). La mayor parte de las galaxias de la cadena son galaxias de disco (fig. 12), como la Vía Láctea, pero en el Cúmulo de Virgo también hay galaxias elípticas (grandes bolas de estrellas sin disco). En el centro del Cúmulo de Virgo está la galaxia elíptica gigante M87. Esta galaxia tiene un agujero negro en su centro cuya masa es más de tres mil millones de veces la masa de nuestro Sol. Parte del material que cae hacia el agujero negro sale disparado como un chorro.

Fig. 9. La nebulosa de Orión

Fig. 10. La galaxia Vía Láctea con las Nubes de Magallanes grande y pequeña

Fig. 11. El Cúmulo de Virgo y una cadena de galaxias

Fig. 12. La galaxia del Remolino (M51)

Fig. 13. Carlitos y Snoopy: «No tienes la menor importancia».

Fig. 14. Calvin y Hobbes: «¡Qué noche tan clara!».

Sin embargo, incluso un viaje de sesenta millones de años luz es una excursión corta si se compara con las distancias que la teoría doble oscura les permite simular ahora a los astrónomos. Estos números enormes a menudo hacen sentirnos insignificantes. Es una sensación tan común en nuestra cultura, hasta entre los niños, que aparece por ejemplo en Carlitos y Snoopy y en Calvin y Hobbes (figs. 13, 14). En ambas tiras de dibujos, a los personajes les resulta incómoda la sensación de nuestra insignificancia cósmica, así que rehúyen pensar en ella. Esa sensación deriva de la premisa newtoniana de que en un universo incomprensiblemente vasto y frío somos, por citar al famoso biólogo Stephen Jay Gould, un «fortuito añadido cósmico».[2] Pero ahora sabemos que no es así. El nuevo panorama está revelando un universo donde los seres inteligentes tienen un lugar central y muy especial, y esto en más de un sentido. Por fin contamos con una manera de visualizar el todo: desde esa nueva perspectiva podemos tener plena confianza de estar viendo en su integridad qué somos realmente.

El tamaño es el destino

Imagínese a una chica sentada bajo un árbol en un planeta. La chica (como el árbol) es una comunidad de cientos de miles de millones de células, que se dividen y hacen que la vida siga. Y cada célula es en sí misma un mundo entero; sin embargo, hasta sus partes más diminutas están formadas por millones de átomos. Mientras, hay cientos de miles de millones de planetas en nuestra galaxia y cientos de miles de millones de otras galaxias. Los tamaños son como puertas dentro de puertas tales que, cuando se pasa por una, todo cambia. Pero esto tiene un límite.

Las cifras crecen y crecen hasta el infinito, pero los tamaños de las cosas reales, no. El universo empezó hace un determinado tiempo y ha estado expandiéndose a un cierto ritmo; por lo tanto, tiene que haber adquirido un determinado tamaño, y ese es el mayor tamaño del que podemos decir algo concluyente.

Vale, quizá piense usted, pero en sentido contrario, ¿no podrían los tamaños ir siendo infinitamente más pequeños? ¿No pueden las cosas dividirse en dos una y otra vez, al menos en teoría? Los números puros se pueden ir dividiendo por dos para siempre, pero la realidad física es diferente. La interrelación de la Relatividad General y de la Mecánica Cuántica establece un tamaño que es el menor posible, la llamada «longitud de Planck», y descarta la existencia de nada que sea menor. Entendiendo cómo actúan los tamaños, obtenemos mucho más que un conocimiento abstracto del universo como un todo: nos comprendemos a nosotros mismos.

La mayor parte de la gente sigue pensando en la política o en la economía con una mentalidad, unos principios morales y, sobre todo, con un sentido del tiempo que solo son apropiados para escalas mucho menores, como las propias de una familia, una comunidad, un año o una vida. No se hacen una idea de los cientos, miles incluso, de generaciones humanas en que podrían persistir las cosas que ahora se le están haciendo al planeta. Por ejemplo, incluso si todo el mundo dejase mañana por completo de lanzar gases de invernadero a la atmósfera, el nivel de los mares seguiría subiendo al menos durante mil años como consecuencia del cambio climático que ya se ha producido. Los residuos radiactivos pueden ser peligrosos durante cien mil años. Las extinciones son para siempre. La *ciencia* de la cosmología solo quiere conocer los principios en que se basa el universo y su historia, no cambiar las vidas de las personas o poner en entre-

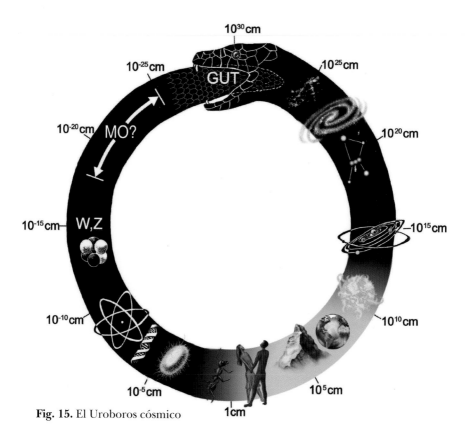

Fig. 15. El Uroboros cósmico

dicho sus creencias. Pero en cuanto comprendemos esos principios, nuestra manera de pensar cambia necesariamente.[1] Entendemos que estos principios nos gobiernan, y que lo gobiernan todo. Eso es lo que «universal» significa de verdad.

Nuestro universo moderno se puede representar como una continuidad de escalas de tamaño enormemente diferentes dispuestas a lo largo del cuerpo de una serpiente (fig. 15). Una serpiente que se traga la cola es un símbolo muy antiguo del cosmos. De él se han valido incontables culturas; nosotros vamos a seguir ahora esa venerable tradición. La punta de la cola representa el tamaño menor, la longitud de Planck, y la cabeza representa el mayor, el tamaño del universo visible.[2] *Uroboros* es el término que en el griego antiguo significaba «tragarse la cola», y por ello llamamos a nuestro símbolo el Uroboros cósmico.

Los números que representan los tamaños no cambian linealmente, sino por potencias de diez. Alrededor de sesenta órdenes de magnitud –sesenta potencias de diez– separan el tamaño menor del mayor. Cada marca señala un tamaño cien mil veces mayor (10^5) que el correspondiente a la marca anterior. Las escalas de tamaño del universo solo se pueden mostrar en una escala logarítmica, pues eso les da a todas la misma importancia, como, en efecto, la tienen. Si nos movemos en el sentido de las agujas del reloj a lo largo de la serpiente, desde la cabeza hasta la cola, los iconos representan 回:

un supercúmulo de galaxias (10^{25} cm),
una sola galaxia,
la distancia entre la Tierra y la Gran Nebulosa de Orión,
el tamaño del sistema solar,
el Sol
la Tierra,
una montaña,
los seres humanos,
una hormiga,
una criatura unicelular, como la bacteria *E. coli*,
una hebra de ADN,
un átomo,
un núcleo atómico,
la escala de las interacciones débiles (cuyo vehículo son las partículas «W» y «Z»),

y, acercándose a la cola, las escalas sumamente pequeñas donde los físicos esperan encontrar las partículas de materia oscura (MO), y, a escalas
aún menores, una posible Gran Teoría Unificada (GUT, por su acrónimo en inglés), que conecta la cabeza con la cola.

En el universo todo *debe* ser más o menos del tamaño que tiene.
El tamaño es destino, porque el tamaño de un objeto o de un suceso determina qué leyes de la física lo controlan. El éxito de la física
moderna se basa en la premisa de que todas las leyes de la física son
verdaderas siempre. No obstante, a diferentes escalas toman el control determinadas leyes de la física, mientras que otras dejan casi por
completo de ser pertinentes. Esta es la razón de que los modelos a
escala no funcionen.

Los tamaños representados en el Uroboros cósmico son los únicos
posibles en nuestro universo. En las escalas mayores (desde alrededor de la medianoche hasta las cinco, si el Uroboros fuese la esfera
de un reloj) el control le corresponde a la gravedad. En los tamaños
medios, desde alrededor de las cinco hasta las ocho, la gravedad sigue contando, pero cada vez menos: ahí es mucho más importante
el electromagnetismo, que es la base de la química y lo que hace que
un material no se disgregue. A medida que las cosas o los animales
van siendo más pequeños, la importancia de la gravedad disminuye
hasta el punto de que se puede arrojar de la mesa a un insecto de un
golpecito sin que sufra el menor daño cuando aterrice en el suelo.
A escalas nucleares (alrededor de las nueve en la esfera del reloj) la
llamada fuerza fuerte domina al electromagnetismo; esta es la razón
de que un núcleo atómico se mantenga unido pese a que está hecho de
muchos protones cargados positivamente que se repelen electromag-
néticamente entre sí. La gravedad, al llegar a estos tamaños tan pequeños, hace ya mucho que no cuenta. Pero entonces, al acercarse
a la punta de la cola, en las proximidades de la longitud de Planck,
vuelve a ser la fuerza más poderosa. El que el Uroboros se trague la
cola representa la esperanza que los físicos tienen de que la gravedad
ligue los mayores y los menores tamaños y los unifique a todos.[3]

Galileo dio la primera explicación clara de hasta qué punto dependemos del tamaño. Dedujo que ningún animal podría triplicar
su estatura normal y seguir teniendo la misma forma, ya que la re-
sistencia de sus huesos (que viene dada por el área de su sección, su
grosor) aumentaría $3 \times 3 = 9$ veces, mientras que su peso (dado por la

masa del hueso) aumentaría, como el *volumen*, $3 \times 3 \times 3 = 27$ veces. Su peso, pues, machacaría sus huesos. Unos huesos más largos deberían ser proporcionalmente más gruesos. Por eso, un elefante no se parece a una gacela, aunque mayor, y por eso no puede haber insectos monstruosos del tamaño de un coche, y a un niño vivo no se le puede reducir al tamaño de un ratón, digan lo que digan las películas de ciencia ficción.

A Hollywood no parece importarle, y los que hacen películas pierden así grandes oportunidades. King Kong, en la versión de 2005, parece un gorila normal al que han puesto ante un decorado en miniatura. Pero la realidad es más extraña que la ficción. Bastante más terrorífico habría resultado un King Kong con la corpulencia mucho mayor que habría debido tener en la película. Y tras su caída desde el Empire State Building su cuerpo no habría yacido sin más en la calle; Manhattan entera habría acabado rociada de pulpa rojiza.

Los seres humanos estamos casi exactamente en el centro de todos los tamaños posibles, hacia la parte de abajo del Uroboros cósmico, a medio camino entre lo más pequeño y lo más grande. Se usen como unidades centímetros, nanómetros o años luz, ese es nuestro lugar, así que no se trata de un mero sesgo antropocéntrico. Si usásemos otras unidades, el único cambio estaría en los números de los exponentes a lo largo de la serpiente. Pero seguiríamos estando en el centro.

Y es que no podemos estar en ninguna otra parte. Si fuésemos mucho más pequeños, no tendríamos átomos suficientes para ser complejos. Si fuésemos mucho mayores, la velocidad del pensamiento y de otras comunicaciones internas, limitada por la velocidad de la luz, sería demasiado lenta. Solo cerca del centro de todos los tamaños posibles puede surgir una conciencia tan compleja como la nuestra, y esto nos dice algo importante acerca de la vida inteligente en cualquier otra parte del universo: si existe, deberá tener aproximadamente nuestro tamaño, entre el de un eucaliptus y un perrito, un abanico de posibilidades muy estrecho.[4]

Cuando los seres humanos miramos alrededor desde nuestro ventajoso lugar en el centro del Uroboros cósmico, las escalas que nos rodean forman nuestro mundo consciente, representado por la sección en azul claro de la figura 12. Abarca desde las menores criaturas visibles a simple vista, que son más pequeñas que las hormigas, y el

Sol. Esta sección es lo que la mayor parte de las personas considera que es la realidad, pero no es toda la realidad. Solo es una cuarta parte, más o menos, de la realidad. Pero es una sección especial: es la parte del universo de la que los seres humanos somos conscientes y sobre la que tenemos nuestras intuiciones. Es nuestra patria mental en el universo. La podemos llamar Midgard.

Midgard, en la vieja cosmología nórdica, era el mundo humano, una isla que representaba la estabilidad y la sociedad civilizada en medio del mar-mundo, el universo nórdico. En una dirección a través del mar-mundo se encontraba la tierra de los gigantes, y en la otra, la tierra de los dioses. Esta es una descripción excelente –metafóricamente, claro– del Midgard del Uroboros cósmico. Nuestra Midgard es la isla de las escalas con las que los seres humanos estamos familiarizados y que nos son comprensibles. Pero más allá de las costas de Midgard, moviéndose en sentido contrario a las agujas del reloj, rumbo al exterior, internándose en el universo en expansión, se encuentra la tierra de los seres incomprensiblemente gigantescos, de los agujeros negros que tienen una masa millones de veces la masa del Sol, de las galaxias que engloban cientos de miles de millones de estrellas. Girando en el sentido de las agujas del reloj desde Midgard, rumbo al interior, hacia lo pequeño, se encuentra el mundo de las células, y más allá, el mundo cuántico. Estas microrregiones constituyen el elemento evolutivo y físico de lo que somos. Eso no las convierte en dioses, pero comparadas con nosotros son más prolíficas, antiguas, universales y omnipresentes.

Midgard no es un lugar. Es una manera de disponer el *zoom* intelectual. Si usted visitase un planeta en una galaxia a mil millones de años-luz de distancia, su intuición, desarrollada en la Tierra a la escala de Midgard, le sería muy útil, aunque falible. Pero si se sienta cómodamente en su sillón de casa y se limita a cambiar su enfoque mental de manera que se centre en cosas que caigan muy afuera de Midgard en cualquiera de las direcciones, hacia lo grande o lo pequeño, su intuición le resultará completamente inútil. Sin ciencia nadie puede –nadie lo hizo nunca– imaginar fidedignamente cómo se comportan de verdad las cosas muy pequeñas o muy grandes.

Solo en Midgard satisfacen los objetos la prueba intuitiva por la que las personas determinan lo que es físico. «Físico» es en realidad un concepto intuitivo, que no está definido claramente. En el uso común, la palabra *físico* significa «sólido», «observable» e «indiscutiblemente aquí».

Pero fuera de Midgard, por ejemplo, las mayores estructuras, los supercúmulos de galaxias, se están expandiendo, sus componentes se alejan entre sí, y en miles de millones de años se habrán dispersado. No los mantiene ligados la gravedad, sino nuestras mentes tan dadas a conectar puntos, así que, en cierto sentido, no son realmente objetos físicos. En la dirección opuesta desde Midgard, hacia lo muy pequeño, hay partículas elementales que no son partículas como pueda serlo una canica, sino objetos mecanocuánticos para los que lo habitual es estar en dos o más sitios a la vez. Lo que en ellas es real es la *probabilidad* de que algo suceda. La extraña verdad es que eso que solemos considerar lo «físico» es una propiedad de Midgard, quizá la propiedad que la define y, por lo tanto, Midgard es lo que la gente suele entender que es el universo «físico». Más allá de Midgard, sin embargo, se encuentra la mayor parte del Uroboros cósmico. La mayor parte del universo, pues, no es física, en el significado de la palabra propio del sentido común, pero no por ello es menos real ni está menos sujeta a las leyes de la física.

Los mundos antiguo y medieval creían que el mundo ordinario está inmerso de alguna manera en una realidad espiritual; metafóricamente, esa es una forma de pensar en la localización de Midgard en el Uroboros cósmico que resulta muy interesante. Al fin y al cabo, esos dominios de más allá de Midgard son reales, pero no los experimentamos de manera directa, sino solo por medio del intelecto, la imaginación o quizá gracias a una conciencia innata de que estamos conectados al universo como un todo. Lo importante es que este tipo de reino espiritual está gobernado por las leyes de la física; es el tipo de reino espiritual que podría existir realmente.

Hasta el siglo XX, se solía creer que el universo era una prolongación sin fin de Midgard (por ejemplo, compuesto de una serie de estrellas esparcidas más y más allá para siempre, con algunos planetas). Pero ahora sabemos que una vez se sale de la isla de Midgard, nada es igual.

Cada escala forma un continuo con la siguiente y, sin embargo, cada pocas potencias de diez hay un cambio *cualitativo*: emerge un nuevo fenómeno, como la temperatura o la conciencia, o una ley de la física, hasta ese momento sin importancia, toma el control. Esos saltos con que crece la complejidad es característica de todo el Uroboros cósmico; podríamos llamarla la ley del pensamiento Uroboros. Una ley que afirma que *el cambio cualitativo que ocurre cada pocas potencias de diez es una regla universal.*

La ley del pensamiento Uroboros se aplica a todo, hasta a nosotros mismos. Al fin y al cabo, el crecimiento exponencial se da no solo en el tamaño de los objetos, sino en la complejidad de las interacciones humanas. Así se explica el famoso epigrama de Friedrich Nietzsche: «En los individuos la locura es rara; pero en los grupos, los partidos, las naciones y las épocas es la regla». ¿Quién no se ha percatado de que los individuos pueden ser amables, generosos y sabios, mientras que los comités, las grandes empresas, los países u otros tipos de grupos casi nunca son amables, generosos o sabios aunque lo sea la mayoría de los individuos que los componen? Un titular del *New York Times* decía el 9 de octubre de 2009: «¿Es que los bancos no tienen vergüenza?» No, porque los bancos no pueden sentir vergüenza. La vergüenza es una emoción humana, y un colectivo no puede, *por principio*, actuar o sentir como un ser humano, aun cuando se componga de seres humanos. Quizá cueste creerlo de entrada, pero piense en ello al revés y quedará más claro: usted se compone solamente de partículas elementales, pero usted no se comporta en absoluto como las partículas elementales. Usted es muchos órdenes de magnitud más complejo que las partículas elementales, y con su mayor complejidad surgen nuevas propiedades y las de las partículas elementales desaparecen.

Todos los sistemas éticos tradicionales enseñan cómo comportarse ante otros individuos de la misma tribu, pero los líderes modernos, tanto políticos como los de las mayores empresas, controlan sucesos en escalas de tiempo y tamaño enormes, que ninguna tradición religiosa o política jamás había considerado. Para tomar decisiones que afectan a tales escalas se requieren grandes cambios en la manera de pensar, pero mientras no se acepte la ley del pensamiento Uroboros nadie se molestará en averiguar qué cambios deberían ser esos. Entender que esta ley es universal quizá nos ayude a aceptarla y quizá nos ayude también a ir pensando en cómo grupos cuyas escalas son diferentes, de las familias a las civilizaciones, podrían colaborar más productiva y respetuosamente con otros grupos. Ninguna religión enseña a hacerlo, al menos todavía.

Quienes perciban su lugar, preciso y legítimo, en el universo y ajusten su manera de pensar como corresponde, tendrán una gran ventaja, no solo a escala política y social, sino también individual. Sentir que las propias raíces se extienden hacia atrás por el tiempo cósmico es *saber quién eres, y tener una perspectiva cósmica.* Estas son dos capacidades que nuestra especie necesita cultivar más ampliamente si queremos proteger la suerte de nuestros descendientes durante un período cosmológicamente largo de tiempo.

En capítulos posteriores abordaremos la cuestión de cómo hay que vivir en este nuevo universo, una vez hayamos explicado la nueva manera científica de entender el tiempo, cómo empezó el universo, de qué está hecho principalmente, cómo llegamos a estar aquí y cómo podemos crear, acerca de todo ello, relatos potentes que confieran estabilidad a nuestras sociedades y que, sin embargo, sean ciertos. La ciencia es el fundamento de nuestra realidad; pero descubrir y expresar su significado para el hombre es lo que permitirá que la nueva cosmología tenga un impacto positivo en nuestras vidas. Para crear una sociedad cósmica debemos expandir nuestro pensamiento de modo que abarque lo que ahora sabemos que existe, expandir nuestro sentido de identidad de modo que se corresponda con su verdadero lugar en el universo, y contemplar desde esta nueva perspectiva nuestro comportamiento en todas sus diferentes escalas.

Somos polvo de estrellas

¿De qué estamos hechos (entiéndase al pie de la letra) los seres humanos? ¿De carne y hueso? ¿De mente y cuerpo? Para que lleguemos a ser una sociedad cósmica hemos de entender a un nivel mucho más profundo qué somos «nosotros» y cómo este nosotros más amplio encaja en el universo. Nuestros cuerpos están hechos de muchos tipos de átomos complejos; en su mayor parte se crearon dentro de antiguas estrellas o en las supernovas, y durante la violenta muerte de esos astros fueron proyectados hacia el espacio, por donde viajaron a lo largo de millones y millones de años. Somos en peso un 90 por ciento polvo de estrellas y un 10 por ciento hidrógeno (casi todo en nuestro H_2O). Nosotros y el suelo que pisamos estamos hechos, al pie de la letra, de polvo de estrellas.[1]

Pero ¿eso es todo? Hasta bien entrado el siglo xx, los científicos creían que no había nada que no estuviese compuesto de átomos, y en la Tierra así es, en efecto. Pero ahora sabemos que la Tierra es sumamente atípica en el conjunto del universo y que la forma en que suceden las cosas aquí no es un buen punto de partida para extrapolar. El universo, en su mayor parte, no está hecho de átomos. Antes de que los astrónomos descubriesen este hecho no podíamos ni empezar a comprender cómo encajamos los seres humanos en el todo, ya que, pese a contar con una palabra para el todo –*universo*–, no teníamos ni idea de qué era en realidad. Pero ahora sabemos que el polvo de estrellas es el material más raro del universo y que solo existe porque las condiciones para su creación las establecieron los dos componentes que de manera abrumadora dominan el universo: la invisible materia oscura y la invisible energía oscura.

La pirámide de la materia visible representa todo lo que es visible en el universo, todo lo que puede ser detectado con algún instrumento científico (fig. 16). Hemos tomado prestado el símbolo del Gran Sello de Estados Unidos y del reverso del billete de dólar. Los trece peldaños de ladrillo representaban originalmente las trece colonias, y el ojo, la esperanza de que la Providencia favoreciera su destino histórico. El texto inferior dice en latín: «El nuevo orden de las eras». Este lema se refería originalmente a la fundación del nuevo país, con su nuevo tipo de gobierno. Hemos reinterpretado radicalmente su significado, pero el lema es aún más cierto aplicado al nuevo universo. En la pirámide de la materia visible el volumen de cada sección es proporcional a la cantidad del ingrediente correspondiente en el universo visible. El hidrógeno y el helio proceden directamente del *Big Bang* y llenan por completo la sección inferior de la pirámide. Son los átomos más ligeros que existen, pero los hay en tal cantidad en el espacio que, colectivamente, su masa es muchísimo mayor que la de los demás átomos juntos. El hidrógeno y el helio acabaron por condensarse y por entrar en ignición nuclear; nacieron así las primeras estrellas. Dentro de estas, los procesos nucleares crearon nuevos tipos de átomos que el joven universo no había visto antes, como el carbono, el oxígeno, el silicio y el hierro. Estos átomos pesados (más pesados que el hidrógeno y el helio) son expelidos desde las estrellas cuando las vidas de estas llegan a su fin: se convierten de ese modo en polvo de estrellas, que flota por el espacio interestelar, quizá para que el campo gravitatorio de algún sistema estelar recién formado lo atraiga y resulte posible que las estrellas de generaciones posteriores tengan planetas rocosos como la Tierra.

La tabla periódica le es familiar a cualquiera que haya ido a clase de química en el bachillerato. El hidrógeno y el helio, solos en lo más alto de la tabla periódica, son en cierto sentido los padres de los demás y, por lo tanto, nuestros tatarabuelos. Los átomos de hierro de la sangre que en este mismo momento están transportando oxígeno hasta nuestras células proceden en muy buena medida de estrellas enanas blancas que estallaron, mientras que el oxígeno mismo procede sobre todo de estrellas de gran masa que explotaron como supernovas.

Fig. 16. La pirámide de la materia visible

La mayor parte del carbono del dióxido de carbono que exhalamos al respirar procede de las nebulosas planetarias, que son las nubes asociadas a la muerte de estrellas de tamaño medio, como el Sol. La nebulosa Ojo de Gato es una nebulosa planetaria bellísima.

▣ Cuando, en el vídeo, ampliamos la imagen, vemos en el centro algo que parece un ojo. De la estrella original no queda más que el diminuto punto blanco en el centro de la imagen. Lo demás se desperdigó y formó esas coloristas nubes de polvo de estrellas que, con sus múltiples capas, rodean a la estrella y que un día podrían llegar a formar parte de un nuevo sistema solar.

Los mundos lejanos podrían ser distintos de las maneras más extraordinarias, pero ciertas reglas se han de cumplir en todos los casos por la naturaleza misma del polvo de estrellas. Por ejemplo, en cualquier planeta de la galaxia, dondequiera que haya mares de agua y tierra habrá playas de arena. La razón es que el oxígeno y el silicio son dos de los átomos pesados que se producen con mayor abundancia antes de que una estrella explote como supernova. Al flotar libremente en el espacio, se combinan entre sí y con el ubicuo hidrógeno, con lo que se forman H_2O y SiO_2 –agua y arena–, que viajan juntos y se incorporan a los nuevos mundos.

Una estrella tarda millones o miles de millones de años en producir un número comparativamente minúsculo de átomos pesados; sin embargo, son los átomos pesados los que materializan nuestro mundo. El coronamiento de la pirámide de la materia visible –la parte que flota arriba– representa la masa total del polvo de estrellas en comparación con la masa total de hidrógeno y helio. El ojo en el coronamiento es la razón de que escogiésemos este símbolo (en vez de, digamos, una pirámide alimentaria u otro tipo de diagrama). El ojo representa la minúscula cantidad de polvo de estrellas presente en las criaturas inteligentes (en todos los mundos, donde sea). Es el único ingrediente cósmico que no se ha dibujado a escala, pues si el ojo estuviese a escala sería un punto microscópico.

La pirámide de la materia visible representa lo que antes se pensaba que era el universo entero. También de Midgard, en el Uroboros cósmico, se pensaba que era el universo entero, pero en ambos casos nuestras percepciones han ganado amplitud desde entonces. Ahora sabemos científicamente que la materia visible es solo una parte pequeña del nuevo universo.

La pirámide de la densidad cósmica representa todo lo que –visible e invisible– da densidad al universo (fig. 17):[2] no solo incluye la materia, sino la energía, que, como demostró Albert Einstein con su icónica ecuación $E = mc^2$, es convertible en masa. La pirámide de la materia visible es solo la punta que aflora sobre el suelo de esta enorme pirámide subterránea.

Además de la mitad de un uno por ciento que es visible, el universo incluye otro 4 por ciento de átomos que son invisibles por la simple razón de que vagan por el espacio entre las galaxias, lejos de estrellas y, por lo tanto, sin que nada los ilumine. Los dos ingredientes dominantes de la receta cósmica –el 95 por ciento, invisible, de la densidad cósmica– son la materia oscura y la energía oscura. Ninguna es una sustancia de nuestro planeta, y su naturaleza no se conoce bien aún, pero miles de científicos trabajan para averiguarlo.

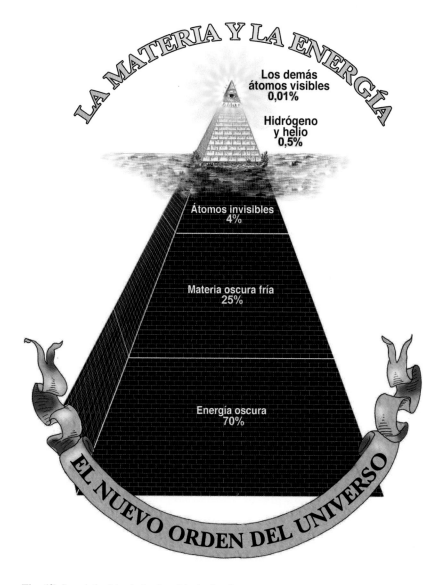

Fig. 17. La pirámide de la densidad cósmica

La materia oscura y la energía oscura

La mayor parte de la materia que mantiene agregadas la Vía Láctea y las demás galaxias es la materia oscura fría. La materia oscura no es invisible porque nada la ilumine, sino porque no interacciona en absoluto con la luz. La materia oscura no emite luz como las estrellas, ni la refleja como los planetas, las lunas y las nubes de gas, ni la absorbe como el polvo. Tampoco emite o absorbe rayos X, ondas de radio o cualquier otra forma de radiación que los astrónomos hayan detectado. Si sabemos que la materia oscura está ahí, es solo por su inmensa gravitación, que afecta de forma medible los objetos que tiene alrededor. Como la materia oscura apenas interacciona con algo, ni siquiera consigo misma, no puede formar entes complejos. Solo crea grandes «halos», masas de partículas de materia oscura que vagan eternamente alrededor de todas y cada una de las galaxias y las impregnan. *Materia oscura* no es un buen nombre, ya que, de hecho, no es oscura: es transparente. Pero se la llame como se la llame, controla el origen y evolución de las galaxias y de los cúmulos y supercúmulos de galaxias porque concentra la materia y contribuye a determinar cómo se mueve todo lo que hay en una galaxia.

La mayor porción de la pirámide de la densidad cósmica, alrededor del 70 por ciento de la densidad del universo, corresponde a la energía oscura. Es el ente más poderoso del universo. Sin embargo, hasta 1998 no se supo si existía; los científicos la consideraban solo una posibilidad hipotética. La energía oscura impulsa la expansión del universo y esa expansión es un elemento clave para comprender el universo. Actúa de la manera siguiente.

Las galaxias lejanas se apartan de la Vía Láctea arrastradas por el espacio en expansión. Las galaxias no vuelan por el espacio alejándose las unas de las otras. Lo que ocurre es que el espacio entre ellas se expande, y cuanto más lejos de nosotros están, más rápida es la expansión. Si miramos dos galaxias y una está el doble de lejos de nosotros, desde nuestra perspectiva la más lejana se alejará el doble de deprisa. En el universo, todo observador ve exactamente la misma pauta en el movimiento de las galaxias lejanas. Es lo propio de un universo que se expande uniformemente.

Durante buena parte del siglo XX, los astrónomos daban por sentado que la expansión del universo debería irse frenando gradualmente como consecuencia de la mutua atracción gravitatoria de todo lo que contiene. Pero en 1998 se produjo el asombroso descubrimiento de que la expansión del universo no se está frenando en absoluto, sino que, muy al contrario, se acelera. La energía oscura hace que el espacio se repela a sí mismo. Cuanto más espacio haya (y las cantidades crecientes de espacio son una consecuencia inevitable de la expansión del universo), mayor será la repulsión. Cuanto mayor sea la repulsión, más deprisa se expandirá el universo. Cuanto más deprisa se expanda, más espacio habrá y más repulsión, y se llegará así a una expansión que aumentará exponencialmente, quizá para siempre. La energía oscura parece ser una propiedad del espacio mismo.

Imagínese que el universo entero es un océano de energía oscura. En ese océano navegan miles de millones de buques fantasmagóricos hechos de materia oscura. En la punta de los mástiles más altos de los buques más grandes hay pequeñas balizas luminosas, a las que llamamos galaxias (fig. 18). Con el telescopio espacial Hubble lo único que vemos son las balizas. No vemos los barcos, no vemos el océano, pero sabemos que están ahí gracias a la teoría, la teoría de la doble oscuridad. Estas imágenes marinas simbólicas recuerdan un tanto a las viejas cosmologías egipcia y babilónica. En ambas el agua primigenia –una sustancia que no se encuentra en la Tierra, no era el agua normal– precedía a la creación y aún seguía rodeándola. El mundo se creó en medio de esa agua. Pero ahí es donde la versión moderna se aparta de las antiguas: la *materia* oscura es primigenia, en efecto, y procede del *Big Bang*, y rodea e impregna al Grupo local de galaxias, pero la *energía* oscura, que domina fuera de nuestro halo de materia oscura, solo llegó a ser importante más tarde, ya que ha ido creando una mayor cantidad de sí misma con el tiempo. Cuanto mayor sea la expansión al universo, más deprisa se irá creando energía oscura.

Hasta finales del decenio de 1990, a los estudiantes de astronomía se les solía enseñar que había exactamente tres posibles futuros para el universo:

Expandirse para siempre a un ritmo constante.
Irse frenando asintóticamente para siempre (es decir, el ritmo de la expansión se iría acercando y acercando a cero sin llegar a ser cero nunca).

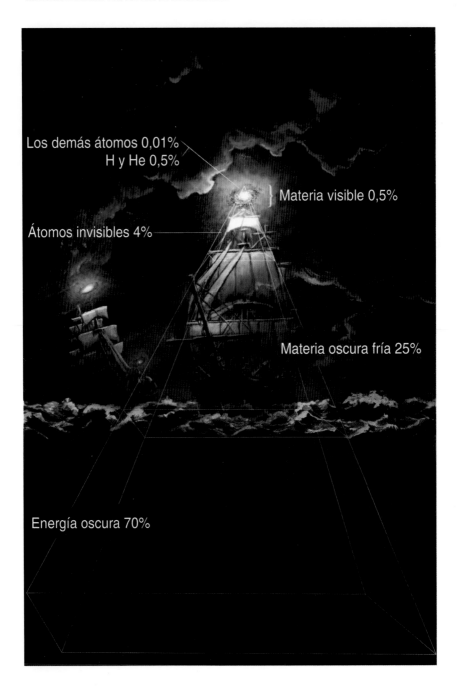

Fig. 18. Barcos de materia oscura en un océano de energía oscura

Con materia suficiente en el universo, la gravitación de la materia podría acabar por detener la expansión y el universo empezaría entonces a contraerse. Esta última posibilidad llevó a que se especulase que todo volvería a juntarse en un *big crunch*, una «gran trituración»: el final del universo sería simétrico con su principio, y entonces podría haber un nuevo *big bang*, y así ad infinitum.

Lo mencionamos porque de estas alternativas se habló largo y tendido. Pero ahora sabemos que las tres son falsas; la expansión del universo está en realidad acelerándose. ¿Cómo lo «sabemos»? ¿Cuáles son las pruebas?

La verdadera prueba de una teoría no consiste en preguntarse si es lógica, bella y satisfactoria, o si, por el contrario, es extraña o fea o improbable. La prueba consiste en verificar si sus predicciones se cumplen.

La teoría de la doble oscuridad ha hecho muchas predicciones precisas acerca de fenómenos que no se habían observado, o que ni siquiera se habían buscado. A lo largo de los últimos veinte años se ha dispuesto de la enorme cantidad de datos aportada por el telescopio espacial Hubble, por nuevos y potentes telescopios instalados en tierra, como el Observatorio Keck de Hawai, y por satélites que no observan la luz visible, sino la radiación térmica del *Big Bang*. Las predicciones de la teoría han resultado ser correctas sin excepción.[3]

La teoría de la doble oscuridad predice un cierto patrón en la radiación térmica del *Big Bang*, que consiste en una línea muy ondulada que recuerda a una cadena montañosa, tal como aparece en http://new-universe.org/zenphoto/Chapter3/Illustrations/Abrams32.jpg.php. No hace falta entender el detalle del gráfico; su propósito es simplemente el de comprobar el encaje extraordinario entre las predicciones de la teoría y los datos empíricos. Esta compleja predicción se hizo antes de que se dispusiera de ningún dato, antes incluso de que hubiese un instrumento capaz de efectuar dichas observaciones. A lo largo de los años, a medida que se han realizado mejores mediciones, no hay observación que no haya caído en la curva predicha. No puede ser una coincidencia.

De manera similar, la teoría de la doble oscuridad predijo la forma en que hoy se distribuiría la materia por el universo a todas las escalas, desde nuestro entorno galáctico local hasta el horizonte cósmico. (Véase http://new-universe.org/zenphoto/Chapter3/Illustrations/

Abrams33.jpg.php.) Una vez más, cuando los datos fueron llegando, cada punto cayó donde se esperaba.

Tras estas predicciones se oculta la verdadera historia de la expansión del universo. En las primeras etapas del universo había la misma cantidad de materia oscura que ahora, pero la energía oscura era relativamente escasa porque había relativamente poco espacio (al universo no le había dado tiempo a expandirse mucho). Y así, durante los primeros nueve mil millones de años la atracción gravitatoria de la materia oscura frenó la expansión. Pero expansión siguió habiéndola y produjo cada vez más espacio, hasta que al final la materia oscura se enrareció. La energía oscura, sin embargo, no se enrarece, quizá porque es una propiedad del espacio. Su importancia relativa aumenta al expandirse el universo: en la actualidad, el efecto repulsivo de la energía oscura ha sobrepasado a la atracción gravitatoria de la materia oscura como efecto dominante en las escalas grandes del universo. El momento del cambio se produjo hace unos cinco mil millones de años, por casualidad la misma época, más o menos, en que el sistema solar se estaba formando.

Espacio salvaje y espacio domado

Tomarse en serio la existencia de la energía oscura significa que hemos de empezar a pensar de otra manera en qué significa «espacio exterior». La mayoría usa esta frase para referirse a cualquier lugar que esté fuera de la atmósfera terrestre, pero así se expresa una visión estática del universo, a la que le falta por completo la idea de expansión.

Si entendemos que el espacio exterior empieza fuera de la atmósfera de la Tierra, tendremos que entender también que se *para* en el borde de nuestro Grupo local de galaxias (la Vía Láctea, Andrómeda y su entorno de cincuenta galaxias satélite). Como nuestro Grupo local se mantiene unido por la gravedad, viaja como una unidad en la gran expansión. No se está expandiendo. No hay expansión en las personas y los planetas, ni siquiera en nuestra galaxia, ni entre nuestra galaxia y el resto del Grupo local. Más aún, las agregaciones ligadas gravitatoriamente, como nuestro Grupo local, en realidad se están contrayendo: sus componentes están cayendo unos sobre otros y se fusionarán en unos miles de millones años. Pero *fuera* del Grupo local, el espacio se expande más y más deprisa.

Así que el espacio de dentro del Grupo local es un tipo especial de espacio, ya que lo doma la gravedad. Fuera del Grupo local se encuentra el verdadero espacio exterior: el espacio salvaje. A esa escala enorme, la energía oscura está desgarrando todas las grandes estructuras y acelerando el ritmo de la expansión. El espacio salvaje está apartando del Grupo local a cientos de miles de millones de galaxias en todas las direcciones.

Para mostrar cómo actúan el espacio salvaje y el domado podemos visualizar la expansión de la materia oscura, y lo hacemos a continuación con una secuencia de una simulación por ordenador. Siempre que simulamos la materia oscura representamos la densidad por medio del brillo: cuanto más brillante aparezca una región, más materia oscura contiene, aunque en realidad la materia oscura sea completamente invisible.

▣ En este vídeo tomamos una pequeña parte del universo y mostramos su expansión.

Enseguida la pantalla se llena de una región que, por la acción de la gravedad, ha quedado ligada, una región que deja de expandirse pero crece porque va agregando otras acumulaciones de materia oscura. Pasados unos siete mil millones de años, la región central de ese halo de materia oscura deja de expandirse. Algunos de los otros halos de materia oscura que lo rodean empiezan a caer hacia él. Pero otros no: la expansión sigue alejándolos del halo central; es decir, el espacio entre ellos y el halo central es espacio salvaje.

Sin embargo, no todo es expansión. Las regiones que tienen algo más de materia oscura que la media se expanden un poco más despacio que las regiones con menos materia oscura. Las regiones «ricas» (ricas en materia oscura) se enriquecen más y las pobres se empobrecen también más, hasta que las diferencias llegan a ser considerables. Las desigualdades presentes desde el principio se magnifican. Cuando una región tiene el doble de materia oscura que la media deja de expandirse, mientras que las regiones de densidad inferior que hay a su alrededor siguen expandiéndose. Cuando una región de tamaño galáctico deja de expandirse, la materia ordinaria que contiene puede caer hacia el centro y engendrar entonces estrellas. La materia oscura está formando estructuras en cada escala grande de tamaño; la suma de todas ellas recibe el nombre de *telaraña cósmica*.[4]

Suponga que un director de cine quiere que haya una escena entre dos personajes dentro del vagón restaurante de un tren en movimiento. Si pusiese la cámara afuera, en tierra, e intentara filmar la escena a través de una ventana cuando el tren pasa por delante, captaría solo un segundo de la acción. El director, en cambio, rueda dentro del vagón restaurante, con lo que se sustrae del movimiento del tren. Estamos haciendo, en lo esencial, lo mismo con los vídeos de la evolución de la materia oscura. Queremos mostrar cómo la materia oscura forma estructuras, no cómo al mismo tiempo esas estructuras se estiran por obra de la expansión del espacio, así que en los vídeos siguientes se ha ignorado la expansión del universo. Hemos ampliado además los pasos anteriores hasta su tamaño final, de modo que podamos centrarnos en lo que pasa en el interior. Los astrónomos llaman a proceder así «trabajar en coordenadas comóviles».

Al principio del universo, poco después del *Big Bang*, la materia oscura es muy homogénea. Pero gradualmente se ve atraída hacia las rugosidades del espacio-tiempo (lo explicaremos en el capítulo 5) y empieza a exhibir alguna estructura. A medida que pasa el tiempo la estructura va definiéndose: los filamentos y las intersecciones de los filamentos se hacen más densos y los vacíos entre ellos se van vaciando aún más. Las galaxias se forman dentro de los filamentos. Dentro de las intersecciones de los filamentos, donde la materia oscura es más densa, se forman cúmulos de galaxias 回.

La simulación a gran escala del universo de la doble oscuridad que tiene una mayor resolución es la llamada Bolshoi; es una simulación por superordenador que abre nuevas perspectivas y nos deja ver la invisible materia oscura con un detalle sin precedentes (http:// hipacc.ucsc.edu/Bolshoi/). Muestra cada halo de materia oscura que podría albergar una galaxia visible. La región simulada mide alrededor de mil millones de años luz. La distribución de los halos de materia oscura en estas simulaciones es estadísticamente igual como la distribución real de las galaxias en el universo 回 回.[5]

Una magnífica simulación Acuario (véase http://new-universe. org/zenphoto/Chapter3/Illustrations/Abrams40.jpg.php) muestra la formación de un solo halo de materia oscura de una masa del orden de la masa de la Vía Láctea. ¿Qué tamaño tiene el halo de materia oscura, comparado con la Vía Láctea visible? La pequeña foto que hay en medio sería la parte visible de la Vía Láctea. El halo de materia oscura es tan enorme que engloba varias galaxias más pequeñas.

Hay una conexión entre los sucesos a esta inmensa escala y nuestras vidas. No se trata de que la materia oscura proteja deliberadamente la Vía Láctea –y a todas las galaxias– con sus manos delicadas e invisibles, del huracán cósmico de la energía oscura que afuera desgarra el espacio. La materia oscura no agrupó confusamente una dispersa y fértil mezcla de hidrógeno y helio hasta convertirla en una compacta región en el centro de nuestra galaxia para que los átomos primigenios pudiesen evolucionar con facilidad y diesen lugar a las estrellas, preparando así nuestra llegada. La materia oscura no se comprometió incondicionalmente a mantener los átomos a su cargo durante miles de millones de años, sin cejar ni un solo instante, en el seno de una galaxia estable para que pudiéramos llegar nosotros. Todo eso lo hace porque no tiene elección. Su comportamiento está inscrito en el orden del universo. Pero nosotros nos beneficiamos. Nosotros, minúsculas motas de polvo de estrellas en ese minúsculo ojo en lo más alto de la pirámide de la densidad cósmica, somos los únicos en el universo que percibimos y podemos apreciar la inmensidad de lo que la materia oscura hizo y está haciendo.

Y sin embargo, aparte de dar forma y proteger las galaxias, la materia oscura ha evolucionado muy poco; no se ha vuelto más compleja, y la razón es que no está sujeta a reacciones químicas. Sus partículas apenas si interaccionan entre sí o con lo demás, salvo gravitatoriamente. La química se debe a miríadas de interacciones electromagnéticas entre átomos y es incomparablemente más compleja que la física. La biología es más compleja que la química, y nosotros, seres civilizados, inteligentes, somos lo más complejo que conocemos en el universo entero.

Nosotros, con los demás miembros potenciales del club cósmico de la vida inteligente, estamos en la punta de la pirámide de la densidad cósmica. Una enorme base formada por los materiales y fenómenos del universo ha hecho posible nuestra existencia, y seguirá haciéndolo. Dentro de la coronación flotante, la fracción de polvo de estrellas asociada con las cosas vivientes y los restos de cosas vivientes es sumamente pequeña. Dentro de esa fracción pequeñísima, la asociada concretamente con la vida inteligente en cualquier parte del universo es despreciablemente pequeña y, sin embargo, solo es *eso* lo que mira a esa pirámide y la entiende, solo es eso lo que observa la manera en que el tiempo la ha construido. Por mucho que gente de todo el mundo espere encontrar extraterrestres en otros planetas, no hay que descartar la posibilidad de que solo nuestros ojos vean este universo (fig. 19).

Fig. 19. El ojo de la pirámide de la materia visible

La inteligencia puede surgir solo de pizcas de polvo de estrellas. Todo lo que aprendemos acerca de nosotros mismos en el contexto del universo como un todo confirma un hecho fundamental: que desde un punto de vista cósmico, nosotros, seres inteligentes que reflexionan sobre sí mismos, somos raros y especiales más allá de todo cálculo. Pero si somos posibles, es solo por la composición del resto del universo.

Capítulo 4

Nuestro lugar en el tiempo

El tiempo es una parte de nosotros tanto como lo es la materia de que estamos hechos. Se tiende a concebir los objetos físicos, entre ellos nuestros cuerpos, como cosas que existen plenamente aquí y ahora, aunque tengan una historia. Pero esta es una forma anticuada de entender el tiempo. El tiempo existe en muchas escalas diferentes; cuando lo comprendemos, empezamos a ver que nosotros, seres que reflexionan sobre sí mismos, existimos también de diferentes maneras en escalas de tiempo diferentes.

Para crear la famosa fotografía a la que se dio el nombre de «campo ultraprofundo del Hubble», el telescopio espacial Hubble estuvo apuntado en una misma dirección más de dos semanas, hacia lo que parecía desde tierra un cielo vacío y oscuro (véase el capítulo 1, fig. 2). Si con los brazos extendidos mantiene cruzadas dos agujas de coser ante usted, su intersección tendrá el tamaño de la zona de cielo que corresponde a esa fotografía. Tras recolectar dos semanas de luz, el Hubble vio, ocultas en la oscuridad, todas esas galaxias débiles y lejanas. Nunca antes se las había visto con detalle. Parece una instantánea, donde no se muestra el tiempo, pero el tiempo aparece de hecho claramente en la fotografía. La luz que procede de cada una de esas galaxias está modificada por el tiempo: el espacio en expansión que la luz ha atravesado la ha «estirado» (la ha «desplazado hacia el rojo»), y cuanto más espacio haya atravesado, más se habrá modificado. Una longitud de onda estirada desplaza el color de la luz hacia el extremo rojo del espectro; la magnitud de ese desplazamiento nos dice cuánto se ha expandido la luz con el universo desde que fue emitida, lo cual, a su vez, nos dice en qué época de la evolución del universo estamos viendo la galaxia de la que procede. Estamos viendo esa galaxia exactamente como era cuando la luz salió de ella, posiblemente hace miles de millones de años, no como la vería un observador que estuviese hoy en sus cercanías. Nunca veremos cómo es hoy, habrá que esperar miles de millones de años a que la luz que sale hoy llegue hasta nosotros, pero sí podemos calcular *dónde* está hoy y a qué distancia en el tiempo se remonta lo que estamos viendo.

◉ Valiéndonos de esta información podemos distribuir las galaxias en tres dimensiones e ir haciendo un *zoom* en la foto. *A medida que hacemos un* zoom, *vamos retrocediendo en el tiempo.* En el vídeo desaparecen primero las galaxias hasta cierto punto cercanas, luego las más distantes. Las galaxias cercanas suelen ser grandes galaxias de disco, como la Vía Láctea, o elípticas (grandes pelotas de estrellas, sin disco). Pero a medida que retrocedemos en el tiempo la naturaleza de las galaxias cambia. Cuando retrocedemos diez mil millones de años no vemos galaxias grandes como las que hoy tenemos cerca. En los dos primeros miles de millones años tras el *Big Bang* las galaxias son pequeñas y tienen formas irregulares, pero brillan mucho porque van creando estrellas muy deprisa. El aspecto accidentado de estas galaxias se debe probablemente a que en aquellos primeros tiempos el universo, aunque mucho más pequeño, tenía tanta materia oscura como ahora, de modo que el halo de materia oscura de una galaxia en formación chocaba con frecuencia con los halos de materia oscura de otras galaxias. Si retrocedemos lo suficiente, apenas si encontraremos galaxias brillantes porque no se habrán formado todavía.

El campo ultraprofundo del Hubble captó la profundidad de un solo punto del cielo. Conocemos ahora la localización de muchas más galaxias. Un enorme proyecto en marcha, el Estudio Digital Sloan del Cielo, cuya meta es descubrir la distribución a gran escala de las galaxias, ha mapeado alrededor de un millón de ellas.

◉ Zonas enteras del universo se han cartografiado de esa manera, hasta alcanzar el *Big Bang*, en todas las direcciones visibles para el telescopio cartografiador.

En la figura 20 se muestra la esfera de la radiación cósmica de fondo, la radiación térmica del *Big Bang* que llena el universo. En

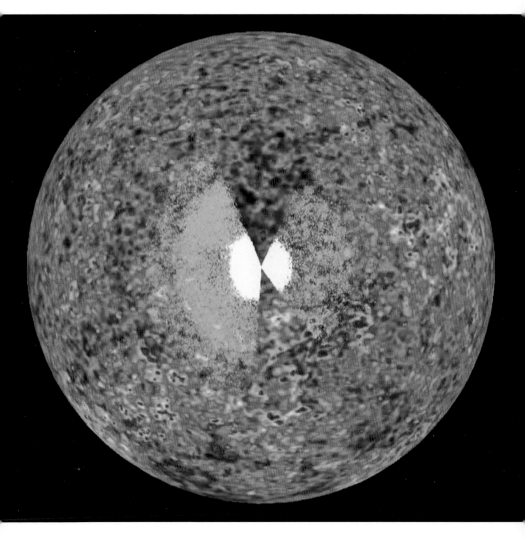

Fig. 20. La esfera de la radiación del fondo cósmico de microondas

las profundidades del universo, el mapa de galaxias del Estudio Digital Sloan del Cielo es visible en blanco. Los colores de la figura 20 representan temperaturas ligeramente diferentes en direcciones diferentes, y esas variaciones en temperatura reflejan hoy las ligeras diferencias en densidad que había cuando el universo tenía solo cuatrocientos mil años.

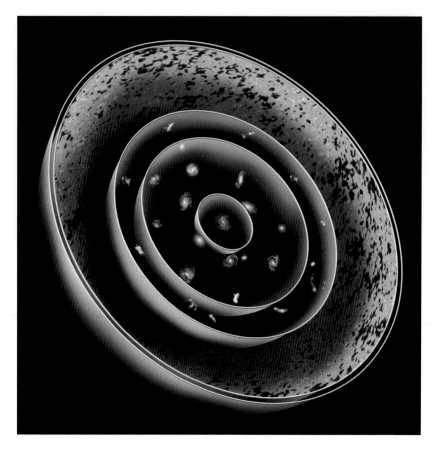

Fig. 21. Las esferas cósmicas del tiempo

Pero la figura 20 tiene algo que resulta extraño, turbador: muestra la esfera desde el exterior, como si estuviésemos fuera del universo, mirándolo, sin ser parte de él. En la medida en que les viene bien a los científicos que recopilan o analizan los datos, este punto de vista imaginario sirve un propósito. Pero no puede ser más falsa como imagen mental de la realidad. Nosotros los modernos –científicos o no–, que carecemos del sentido intuitivo de pertenencia al universo con que contaban los antiguos, tenemos la necesidad de empezar a visualizar nuestro universo desde *dentro*, donde realmente estamos. En caso contrario, nos vamos a interpretar equivocadamente a nosotros mismos, tendremos la sensación de que estamos fuera, de que somos insignificantes, sentiremos el habitual aislamiento existencial, miraremos un universo en el que no parecerá que desempeñemos ningún papel. Sin embargo, este es el universo de todos. Ninguna explicación científica que nos convierta en observadores objetivos de un universo del que no formamos parte podrá ser satisfactoria. Y más aún, ninguna explicación así puede ser cierta, ya que el universo existe en todas las escalas de tamaño y a nuestra escala somos, qué duda cabe, parte del universo.

En la evolución del universo, ¿dónde estamos? Una manera de responder a esta pregunta es con una imagen. Llamamos a la figura 21 «las esferas cósmicas del tiempo»: representa nuestro universo visible desde el punto de vista del tiempo. Nuestra galaxia está en el centro, que representa el hoy.

Cuando nuestra mirada se interna en el espacio miramos hacia atrás en el tiempo. En la Edad Media, los europeos creían que la Tierra era el centro del universo y estaba rodeada por esferas celestes concéntricas, como dijimos en el capítulo 1. Hemos tomado prestada esa imagen medieval para crear este símbolo, ya que los seres humanos, de hecho, vemos desde un centro hacia fuera. Pero no es la Tierra lo que está en el centro del universo: nuestra galaxia, *aquí y ahora*, es el centro de nuestro universo *visible*. Cada galaxia está en el centro de su propio y único universo visible. En este símbolo, las distancias entre las esferas concéntricas no representan meramente una distancia espacial: cada esfera representa, cuando se va hacia fuera, un *momento* más y más cercano al principio de la historia del universo. El momento más primitivo, el *Big Bang*, está representado por la esfera más externa.

La *era* en que se formaron el Sol y la Tierra, hace cuatro mil quinientos millones de años, aún sigue ahí, rodeando esféricamente nuestro sistema solar, nuestra galaxia y todos los supercúmulos de galaxias cercanos. Está representada por la esfera más interna. Mucho más allá está la esfera que representa la era en que se formaron las primeras grandes galaxias. Mucho, mucho más allá nos circunda la era de las primeras galaxias brillantes. Más allá aún está la profunda esfera de suma oscuridad que, nos dice la teoría, es la verdadera época oscura del universo, anterior a que se formase la primera galaxia. Antes aún se halla la colorista esfera de la radiación cósmica de fondo, que nos llega desde todas las direcciones en forma de microondas. Más allá, por último, está el horizonte cósmico, o *Big Bang*.

Las esferas cósmicas del tiempo sitúan nuestra galaxia en el centro, pero una limitación de esta imagen bidimensional es que las esferas se dibujan en la página y nosotros nos quedamos aquí afuera, mirándolas. ¡Salte adentro! Imagínese que se sitúa en el centro del símbolo, en hoy, y que cierra esas esferas hasta que lo rodean por completo. Está inmerso físicamente en el pasado del universo. Tómese un momento para absorber tal situación. Estamos en el centro de nuestro pasado. El pasado no está «acabado»: se nos aleja a la velocidad de la luz, como las ondas que crea un guijarro que cae en un charco, pero no describiendo círculos, sino esferas, esferas de tiempo.

Nuestro lugar de humanos en el cosmos no es un centro geométrico, sino un lugar simbólico, cargado de significado, creado por la interacción del espacio, el tiempo, la luz y la conciencia. Sin conciencia, al fin y al cabo, no habría universo visible. Algo existiría, pero qué se puede decir al respecto. Las esferas cósmicas del tiempo son reales porque el pasado es real. La luz de muy lejos y de hace mucho pone el pasado ante nuestros ojos.

Puede venir bien considerarlo de la siguiente manera. En la antigüedad, cuando había que mandarle un mensaje a alguien, carecían, claro está, de medios instantáneos. Tenían que enviar a un corredor, lo que llevaba tiempo. Imagínese que un corredor de la antigua Grecia acabase de llegar aquí hoy, sin aliento, con la noticia de la derrota de los persas en Maratón, y que fuésemos los primeros en oírla de sus labios. Si la distancia no fuese 42,2 kilómetros, sino miles de millones de años-luz, y si los griegos, como la luz, pudiesen vivir para siempre, esa comparación describiría el universo. Los mensajeros, en cada forma de radiación, llevan corriendo miles de millones de años hacia la Tierra y llegan a nuestros telescopios en cada momento desde cada dirección con noticias de las antiguas eras de las que proceden, y nuestra generación es la primera que tiene tanto la tecnología como la sutileza teórica que se requieren para entender estos mensajes. La actual revolución cosmológica es el logro de unos cuantos miles de seres humanos de distintas partes del planeta, que colaboran y compiten para descifrar las diferentes lenguas de los mensajeros, entender sus noticias y crear un relato coherente con lo que cuentan.

Así como un libro puede hablarle a su corazón aun cuando no esté dirigido a usted, esos mensajeros nos hablan a nosotros, seres inteligentes, y nosotros, que estamos hechos de tiempo, interpretamos el significado de estos mensajes

Imagínese que de pronto usted pierde la memoria. Se mira en el espejo, y no hay otro momento más que este. No tiene conciencia de pasado alguno, ni siquiera del mismísimo momento que precede al momento actual. Usted es sólido, sus células son reales, su corazón bombea, pero no tiene ni idea de cómo ha llegado al lugar donde se encuentra.

¿Quién es usted? No hay respuesta.

Usted no es su pasado familiar, su historia personal, el trabajo que ha hecho, sus esperanzas para el futuro. Todo esto ya no existe. Usted no tiene familia, ninguna relación. Usted es como un ordenador con hormonas. Usted solo escucha la última música, se compra los últimos productos y se cree la última interpretación que los medios de comunicación hacen del mundo que hay fuera de su cuarto. Eso es todo lo que usted sabe.

Mírese ahora en el espejo y vea más allá del usted momentáneo de hoy, remóntese hasta el usted de hace unos años, hasta el niño que fue usted una vez, y llegue hasta el recién nacido. Envíe a continuación su conciencia hacia atrás, a través del tiempo, a la velocidad del relámpago, deje atrás a sus padres y a sus abuelos, deje atrás las incontables generaciones que existieron antes que ellos, pasando por sus antepasados que se desplazaban por los continentes, pasando por los antepasados primates, pasando por todos los animales que los precedieron, hasta llegar a una sola célula y a los complejos compuestos químicos que la hicieron posible, hasta el magma de su planeta y el sistema solar en formación, hasta el nacimiento –en estrellas que estallaron muy lejos en nuestra galaxia– del carbono y el oxígeno y el hierro que ahora están en usted; retroceda, a través de la expansión universal, hasta la creación en el *Big Bang* de las partículas elementales de que usted está hecho. No es una fantasía. Es ciencia: usted es todo eso. Usted es la suma total de su historia. Hasta dónde haga llegar usted esa historia –cuánto quiera usted reclamar de su propia identidad– dependerá de usted. Nadie ha tenido antes esa opción. Solo en el siglo XXI sabemos lo bastante para concebir nuestra genealogía en toda su escala.

Para llegar a ser una sociedad cósmica habremos de entender lo que los seres humanos somos y cómo encajamos en el universo en evolución, tanto por lo que hace a nuestra naturaleza física como a nuestra importancia potencial. Pero más que eso, el universo tiene que empezar a importarnos, tal como las viejas ideas del universo les importaban a nuestros antepasados, o nunca obtendremos beneficio alguno del conocimiento más asombroso que los seres humanos hayamos logrado jamás. Somos polvo de estrellas más tiempo. Se tardó miles de millones de años en que las galaxias se formasen, en que se formasen estrellas dentro de las galaxias, en que el polvo de estrellas se acumulase a lo largo de muchas generaciones de estrellas y llegara a ser lo bastante común para que pudieran construirse planetas rocosos. Y en que en al menos en uno de esos planetas rocosos la vida evolucionase hasta adquirir la complejidad de seres como nosotros, que pueden reflexionar sobre todo ello y maravillarse. Estamos conectados al universo por nuestros huesos, por nuestra historia, por nuestros átomos y por nuestras mentes. ¡El escepticismo científico no requiere que sintamos desapego hacia el universo! Nuestra conexión es tan real como lo que más y es el fundamento más sólido de una visión coherente del mundo en nuestro tiempo.

Este momento es crítico para el cosmos

Para ver adecuadamente el futuro hemos de expandir nuestra visión del pasado. Hay una especie de simetría entre el pasado y el futuro en la conciencia de cualquiera: el grado en que podemos concebir el pasado limita hasta dónde puede internarse nuestra imaginación en el futuro. A todos nos es posible dar una fecha de dentro de diez mil años, pero se tratará de un número sin significado a no ser que nos hagamos una idea de la medida en que la Tierra ha cambiado en los últimos diez mil. Cuando adquirimos conciencia de la evolución de nuestro universo a lo largo de miles de millones de años, empezamos a comprender que el futuro de la humanidad quizá sea más amplio de lo que se hubiera podido imaginar. Antes de que los recientes descubrimientos cosmológicos creasen los conceptos necesarios para pensar a escalas de tamaño cósmicas, comprenderlo no era posible. Pero ahora va quedando claro que los seres humanos vivimos en un momento extraordinario de la historia del universo. Si no empezamos pronto, no solo a reconocer que es así, sino a apreciar la capacidad que nuestro momento tiene de moldear el futuro, y a hacer de ella un buen uso, esta oportunidad podría perderse para siempre.

Hoy hay millones de personas que creen que el mundo se creó hace unos miles de años y que, salvo los cinco primeros días, los seres humanos han estado en él desde el principio. Hay millones de personas que creen que el fin está cerca, que no falta mucho para el juicio final. Pero las pruebas de que no estábamos aquí desde el principio y de que no estamos en absoluto cerca del final son ahora abrumadoras. Según escalas de tiempo muy diversas nos hallamos precisamente hacia la mitad del tiempo hasta el final.

Durante milenios se dio por sentado que la Creación, como da a entender el Génesis, se produjo hace unos seis mil años. Pero en el siglo XIX despegó la ciencia de la geología, y cuando los científicos intentaron saber cómo se formaron las montañas y los deltas de los ríos, ¡se quedaron impresionados al descubrir que había formaciones que no podían haberse hecho en menos de millones de años! Fue un vertiginoso salto mental hacia el «tiempo profundo», el tiempo de las escalas del cambio geológico. A lo largo del siglo XIX se fueron descubriendo huesos de dinosaurio y otros fósiles a medida que se excavaba el suelo para abrir canales y tender vías férreas. Cuando los científicos dieron a conocer sus hallazgos, la gente adquirió conciencia de que incontables especies se habían extinguido hacía mucho tiempo. Para mediados del siglo XX se había determinado, por medio de la radiactividad, que la Tierra y el sistema solar mismo eran mucho más viejos aún: tenían *cuatro mil seiscientos millones* de años. En comparación con esta existencia tan dilatada, fue ayer mismo cuando los seres humanos nos desgajamos de los demás simios.

Se usa descuidadamente la palabra *infinito* para describir tanto el espacio como el tiempo, pero sin un sentido cosmológico del tiempo, *infinito* sólo equivale a etcétera, como decía el novelista D.H. Lawrence: «un desolado seguir y seguir».[1] Imaginar el tiempo como un «seguir y seguir» sin fin es perderse todas las cosas extraordinarias que solo pueden suceder en escalas de tiempo muy grandes. La capacidad de pensar las escalas de tiempo del cosmos es nueva para nuestra especie; los políticos, ciertamente, aún no la emplean, y en la vida cotidiana rara vez parece esencial pensar mucho más allá de un año, o de cuando los hijos vayan a la universidad, o de la jubilación, o de la generación siguiente. Pero esto ha de cambiar. Nuestras ideas del tiempo han cambiado radicalmente en el pasado, y pueden hacerlo de nuevo.

Vivimos en la mitad del tiempo, tanto en las escalas de tamaño del cosmos, como del sistema solar, de la Tierra y de la humanidad, como vamos a explicar a continuación. Que nos hallemos en la mitad del cosmos, del sistema solar y la Tierra nos dice dónde estamos. En cambio, el que nos hallemos en un momento que para la humanidad es crítico nos indica lo que tenemos que *hacer*.

¿Cuál es la probabilidad de que nuestro presente sea realmente un momento crítico para el cosmos? A todos los efectos parece nula la probabilidad de que la insignificante ventana a la que llamamos «el siglo XXI en la Tierra» pueda tener algo de único en un universo que existe desde hace trece mil setecientos millones de años. Sostener que nuestro presente sea un momento crítico para el cosmos suena a capricho, a disparate. Pero no se fije en la probabilidad: fíjese en los hechos.

Vivimos en la mitad del tiempo en cuatro sentidos diferentes.

El *primero*, a escala cósmica: *este es el momento culminante, en el pasado y en el futuro del universo, de la observación astronómica.* Nunca más habrá tantas galaxias visibles.[2] Los astrónomos suponían antes que, si bien la expansión del universo nos impedía ver las galaxias que estaban más allá del horizonte cósmico, a medida que el tiempo pase se irían haciendo visibles más y más galaxias, ya que irían quedando de este lado del horizonte cósmico en expansión. Pero ahora sabemos que lo contrario es cierto: como la expansión del universo ha empezado a acelerarse, las galaxias más distantes están desapareciendo más allá del horizonte cósmico. El universo visible se vaciará. Nunca más habrá tantas galaxias visibles como hoy. Cuando el universo tenga el doble de edad que ahora, la mayor parte de las galaxias distantes habrá desaparecido más allá del horizonte cósmico.

Mientras se van alejando las galaxias distantes, las cercanas a nosotros, las del Grupo local –que están ligadas entre sí por la gravedad– se atraerán mutuamente y se aproximarán las unas a las otras. En los cinco mil millones de años que vienen, más o menos, la Vía Láctea se fusionará con Andrómeda; se formará así una nueva galaxia, a la que podríamos llamar Andrómeda Láctea.

▣ La simulación que se ve en este vídeo representa la fusión de dos grandes galaxias espirales, del estilo de la Vía Láctea y Andrómeda. Se van acercando. En su primera aproximación se rozan lateralmente, lo que proyecta grandes colas de estrellas y gas. Se separan entonces, antes de acercarse de nuevo. En primer lugar se fusionan sus centros, luego las estrellas a mayores distancias del centro son arrojadas a órbitas aleatorias; por último, las galaxias espirales fusionadas se convierten en una galaxia elíptica.

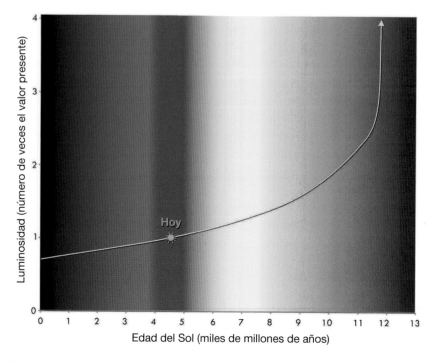

Fig. 22. La luminosidad cambiante del Sol

Finalmente, Andrómeda Láctea será lo único visible para quienes vivan en algún planeta en su interior, y ya nunca más será posible observar otras galaxias. El cielo tan maravillosamente rico del Campo Ultraprofundo del Hubble, con tanta densidad de galaxias, les será conocido a nuestros descendientes remotos solo históricamente, gracias a los archivos que les dejemos. Las fotos más profundas del espacio que tomen apenas si mostrarán algo. Si los seres humanos no hubiésemos adquirido esta capacidad mientras las galaxias son visibles todavía, los seres inteligentes del futuro remoto quizá no podrían averiguar jamás cómo es el universo. Las observaciones y los conocimientos astronómicos que transmitamos serán una parte irreemplazable del patrimonio de la humanidad.

La evolución cósmica tardó miles de millones de años en acumular el polvo de estrellas necesario para que pudiese haber planetas rocosos como la Tierra, y la evolución biológica otros miles de millones de años en producir criaturas con la capacidad tecnológica que se requiere para estudiar las galaxias lejanas. Pero nosotros hemos aparecido precisamente cuando esas galaxias lejanas empiezan a desaparecer. Esa es la razón de que en la historia del universo este sea el momento culminante de la observación astronómica.

En *segundo lugar*, nuestro sistema solar se encuentra hoy cerca de la mitad de su existencia, ya que el Sol tiene ahora unos cuatro mil seiscientos millones de años y las estrellas de su tipo siguen un predecible camino vital, que dura unos diez mil millones de años (fig. 22). Al Sol le quedan cinco mil o seis mil millones de años; se irá calentando poco a poco antes de que se hinche hasta convertirse en una gigante roja, se trague los planetas interiores, Mercurio y Venus, y posiblemente achicharre la Tierra.

En *tercer lugar*, la vida compleja en la Tierra se encuentra hoy hacia la mitad de su existencia. Los seres humanos han surgido en la mitad de un período de alrededor de mil millones de años en el que la Tierra es opulenta y habitable; en la figura 22 está representado por la zona verde, donde el planeta tiene una atmósfera rica en oxígeno y mucha agua. Ese período –la era de los animales– empezó hace solo medio millar de millones de años, una vez los microorganismos hubieron aumentado el contenido de oxígeno de la atmósfera casi hasta su nivel actual. Pero en otro medio millar de millones de años este período habitable acabará, porque la mayor producción térmica del Sol irá evaporando los océanos. El vapor de agua ascenderá hasta la parte más alta de la atmósfera, donde la luz ultravioleta del Sol lo disociará en oxígeno e hidrógeno, y la mayor parte del hidrógeno se perderá en el espacio para siempre. La Tierra se convertirá entonces en un planeta desierto, como el descrito por Frank Herbert en su obra maestra de ciencia ficción *Dune*, un retrato extremo de la escasez de agua.

Los seres humanos modernos hemos aparecido a la mitad de ese gran proceso: suficientemente dentro de él para tener como casa un ecosistema planetario que se ha desarrollado espectacularmente, y tener además todo el poder de nuestros recuerdos, de nuestra creatividad y de nuestras pasiones, y sin embargo suficientemente lejos del final para que a nuestros descendientes no les falten todavía extraordinarias posibilidades evolutivas. El Sol proporcionará a la Tierra una cantidad de calor y de luz que la hará perfectamente vivible durante al menos varios *cientos de millones de generaciones*: un tiempo casi inimaginablemente largo.

Hasta podríamos alargar esa cronología. Mientras el Sol vaya calentándose, nuestros descendientes tendrán millones de generaciones para preparar su supervivencia. Podrían trasladarse a otros sistemas planetarios, pero tiene más interés que pudieran ir alejando gradualmente la Tierra del Sol y posponer de esa forma la catástrofe en miles de millones de años.[3] Los astrónomos ya han calculado cómo se podría hacer: cambiando las órbitas de los grandes cometas de modo que tomasen prestada energía de Júpiter y la transfiriesen a la Tierra. Cada cien mil años o así, nuestros descendientes remotos tendrían que conseguir la aproximación de un nuevo cometa. Claro está, tendrían que hacerlo con cuidado, porque si un cometa golpease accidentalmente la Tierra quizá correrían la suerte de los dinosaurios.

En cualquiera de estos tres sentidos, que estemos en la mitad de los tiempos no es algo que los seres humanos hayamos planificado, algo que controlemos; es algo que hemos tenido que descubrir, pero no por ello es menos real, y nos proporciona una vasta perspectiva que no habríamos podido tener si no supiésemos de esa centralidad nuestra. Tampoco hemos planificado el cuarto sentido en el que estamos en el centro de los tiempos, pero, en cambio, sí podemos controlarlo, y es, de lejos, el que más nos urge.

El *cuarto sentido* es que hoy es un momento crítico en la evolución de nuestra especie. En el mismo momento en que descubrimos nuestro lugar en el cosmos estamos llegando al final de un período de crecimiento mundial explosivo tanto de la población humana como del impacto físico de cada uno sobre el planeta. Este período de crecimiento viene produciéndose desde antes de que naciese nadie que hoy esté vivo y, por lo tanto, parece normal, inevitable incluso. Pero desde una perspectiva más larga no es normal en absoluto y no puede durar.

En 1800 había alrededor de mil millones de personas en la Tierra. En los dos últimos siglos la población se ha sextuplicado. Tan solo en el siglo xx, se duplicó y volvió a duplicarse.

Veamos un gráfico que describe el crecimiento de la población humana a lo largo de los últimos dos mil años (fig. 23). El crecimiento exponencial se parece siempre, más o menos, a esa curva: sube despacio hasta que de golpe se dispara hacia arriba como un brazo doblado. El crecimiento de algo es «exponencial» cuando el ritmo de crecimiento es en cada momento proporcional a la cantidad de ese

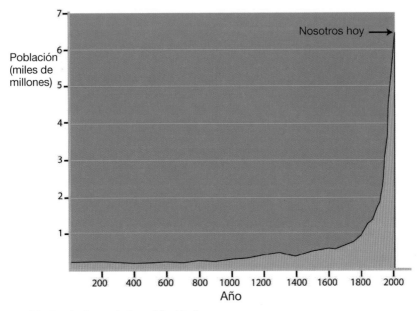

Fig. 23. Crecimiento de la población humana

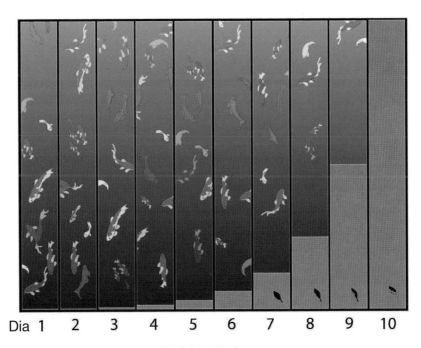

Fig. 24. Crecimiento exponencial del verdín de un estanque

algo que está creciendo: en otras palabras, si cuanto más hay, más deprisa crece. En biología, la reproducción de una especie puede desbocarse y crecer exponencialmente, pero si entonces consume con exceso los recursos de su nicho ecológico, se extinguirá bruscamente. Pensemos, por ejemplo, en un estanque donde se produzca un hipotético florecimiento de verdín tal que el verdín se multiplique por dos cada día. Empieza a crecer despacio, pero se acelera. Hasta el último par de días el estanque no tiene mal aspecto y los peces están felices, pero en el último día el verdín colma el estanque y todo se muere (fig. 24). Se parece mucho al gráfico de la población humana en el último milenio.

Mientras escribimos este libro la población mundial se acerca a los siete mil millones. Los expertos en población coinciden en que la Tierra no puede soportar que la población humana vuelva a duplicarse. Chocaremos contra un límite antes de que ocurra. Chocar con un límite es inevitable, no solo para la población humana, sino también, y probablemente sucederá antes, para el crecimiento exponencial de los recursos naturales que usa *cada persona*. Mientras la población se sextuplicaba, ¡las emisiones de dióxido de carbono se multiplicaban por veinte, el consumo de energía por treinta, el producto interior bruto del mundo por cien y la movilidad por persona por mil! Si todo el mundo consumiese como los estadounidenses, y muchos aspiran a ello, harían falta los recursos de cuatro Tierras. Una persona típica de Estados Unidos usa su peso en materiales, combustible y comida *todos los días*. Los Estados Unidos y algunos otros países llevan bombeando dióxido de carbono a la atmósfera y a los mares en cantidades mucho mayores que la parte que les correspondería. Está claro que empezamos a chocar con límites materiales. El aumento de los gases de invernadero está ya causando cambios climáticos en el mundo, cuyos efectos se manifiestan en la forma de olas de calor y tormentas que rompen récords, o en el deshielo de los casquetes polares. Nos estamos quedando por todo el mundo sin agua dulce y sin suelo fértil. Hemos destruido más de la mitad de los bosques y humedales de la Tierra, y nos estamos apropiando para nuestro consumo de una parte grande y creciente de la productividad biológica de la Tierra. Nuestros actos están matando no solo a organismos individuales, sino que están acabando con especies enteras a una velocidad mayor que la de cualquier otra extinción masiva desde la de los dinosaurios, causada, junto con la de otras muchas especies, por el impacto de un asteroide hace sesenta y cinco millones de años.

Lo que la mayoría no entiende, porque va en contra de la intuición, es el poco tiempo que queda una vez que una tendencia exponencial se vuelve perceptible. El verdín del estanque no parece un peligro para el estanque hasta el penúltimo día. Esta es la razón de que debamos pensar *rápidamente* cómo salir del actual período de inflación humana mundial del modo más justo y menos áspero que sea posible. La cosmología puede echar una mano: nos proporciona un modelo para esta tarea que tan insuperable parece. El modelo es adecuado porque este momento crítico para la humanidad presenta analogías con el momento crítico más importante de la historia: el principio del universo.

Aquí, nuestro relato va a volver atrás para explicar qué debió de ocurrir en los instantes que condujeron al *Big Bang*. A continuación expondremos las analogías entre aquellos instantes y la humanidad de hoy, y cómo podrían valernos para salir de este período peligroso por una vía que el universo ha demostrado que funciona.

Según la teoría de la inflación cósmica, justo antes del *Big Bang* (o en su mismísimo comienzo, dependiendo de cómo se quiera verlo) hubo un período muy breve, de unos 10^{-32} segundos, en los que el universo se expandió *exponencialmente*; en otras palabras, a cada unidad de tiempo doblaba su tamaño, y así una y otra vez. Este crecimiento exponencial acabó bruscamente en lo que llamamos el *Big Bang*, tras el cual el universo siguió expandiéndose, pero mucho más despacio.

La de la inflación cósmica es la única teoría conocida que explica por qué empezó el *Big Bang*, por qué hubo las condiciones iniciales adecuadas para que el *Big Bang* discurriese como lo hizo. La teoría predice con exactitud las pequeñas diferencias de un lugar a otro que, con la materia oscura fría, crecerían hasta convertirse en la distribución de galaxias que los astrónomos observan actualmente en el universo visible: las grandes cadenas y los grandes cúmulos y supercúmulos de galaxias que se disponen a lo largo de los filamentos de la telaraña cósmica. Esas pequeñas diferencias nacieron de los efectos cuánticos que se produjeron durante la inflación cósmica.[4]

La teoría de la inflación cósmica hace seis predicciones y, hasta el día en que esto se escribe, se han puesto a prueba cinco y se ha demostrado que concuerdan con las observaciones. Parece además que la teoría es compatible con las teorías de la física de partículas moderna, así que está fuera de duda que hay que tomársela muy en serio.

La curva que representa la inflación cósmica se parece a la curva de la población humana o del estanque con verdín; la única diferencia es el tiempo que pasa entre cada multiplicarse por dos, que en la inflación cósmica no es de años o de días, sino de una fracción de segundo casi inconcebiblemente pequeña. Si la teoría es cierta, en los 10^{-32} segundos que precedieron al *Big Bang* el universo se expandió tanto, en potencias de diez, ¡como en los trece mil setecientos millones de años que han transcurrido desde entonces! Podemos valernos del Uroboros cósmico para mostrar que el universo hoy visible se encontraba, al final de la inflación cósmica, a medio camino, logarítmicamente, de su tamaño actual (fig. 25).

La manera en que el universo pasó de su crecimiento explosivo, exponencial, durante la inflación cósmica a la expansión lenta que le ha permitido seguir adelante durante miles de millones de años podría servirnos de modelo para la transición que los seres humanos debemos realizar desde el crecimiento desbordado hacia la sostenibilidad. Incontables culturas, desde el antiguo Egipto y Sumeria al menos, se han valido del cosmos, tal como lo entendían, como modelo para sus vidas. Ahora que sabemos incomparablemente más acerca de cómo funciona de verdad el universo, es aún más importante –y valioso– proceder de esa misma manera. La muerte del estanque es un modelo del posible final de un crecimiento exponencial; el universo nos da uno muy diferente.

El período inflacionario del universo terminó bruscamente con un *Big Bang*, ¡pero eso fue bueno! Solo *después* de que la inflación cósmica terminase y la expansión cósmica empezara a ser relativamente lenta entró el universo en su fase más creativa y larga. La característica fundamental de nuestro universo ha sido la de crecer en complejidad, pero un crecimiento de ese tipo lleva mucho tiempo. Ese podría ser el modelo para nuestro futuro, pues un crecimiento lento y prolongado es lo que necesitamos para solidificar una civilización sostenible. Pero ¿cómo se produjo esa transformación en el universo? Hemos de mirar un poco más a fondo lo que sucedió *durante* la inflación cósmica.

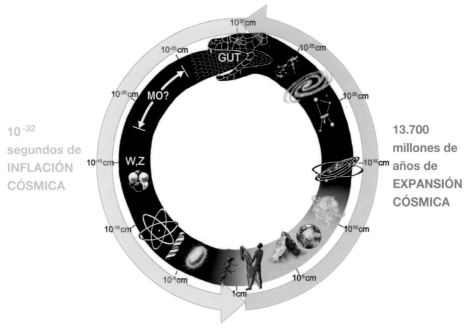

Fig. 25. Inflación y expansión cósmicas

Los efectos cuánticos que se producían de modo aleatorio durante el período de la inflación cósmica también se expandieron exponencialmente. Cuando el crecimiento exponencial chocó con un límite y se detuvo, esos efectos cuánticos quedaron inmersos de manera permanente en el espacio-tiempo en la forma de un patrón de rugosidades, que les era característico como para usted lo son las rayas de su mano. El patrón ha seguido expandiéndose a medida que el espacio-tiempo en que está inmerso ha seguido expandiéndose. Las rugosidades en expansión atraían gravitatoriamente a la materia oscura, que se ha ido concentrando a lo largo de ellas desde entonces lentamente, creándose así la telaraña cósmica en expansión. El patrón de rugosidades constituye el modelo de nuestro universo. Se creó durante el breve momento inflacionario, y el universo entero ha estado construyéndose sobre él. Los efectos de la fracción de segundo que duró la inflación cósmica reverberarán para siempre. En cierto sentido, esa reverberación *es* nuestro universo.

¿Cómo podemos valernos de este modelo? Nuestro propio crecimiento inflacionario debe acabar, pero esa terminación no tiene por qué ser catastrófica. Después, si todo va bien, crecer todavía será posible, pero solo muy despacio. El universo ha demostrado que el crecimiento exponencial transformado en crecimiento lento puede durar miles de millones de años. Pero el modelo encierra también una advertencia: cuando la inflación cósmica chocó contra su límite, los incontables sucesos cuánticos aleatorios que se estaban produciendo –las fluctuaciones cuánticas– quedaron congelados en forma de rugosidades permanentes en el nuevo espacio-tiempo. Ante los rifirrafes partidistas que frustran el progreso en la esfera internacional, resulta tentador ignorar la política. Sería, sin embargo, un error que no tendría vuelta atrás, ya que la advertencia que nos hace el modelo significa, en la práctica, que innumerables decisiones políticas y sociales que se toman a todas las escalas en estos últimos años del crecimiento humano exponencial podrían sobrevivir, congeladas, en el futuro de nuestra especie y de nuestro planeta. Nada es menos útil que creer que la política no importa. Las decisiones que tomemos hoy –y la incapacidad de actuar– pueden reverberar hasta el futuro lejano sin guardar la menor proporción con el tiempo que hoy dediquemos a pensar en ellas.

Para cuando el crecimiento desbocado de nuestra especie resulte tan evidente que nadie lo niegue y los detractores tengan que callarse, será demasiado tarde. Podemos dar gracias de que los seres humanos sepamos hoy lo suficiente para entender tales peligros. ¿Somos más listos que el verdín del estanque?

Negarse a la evidencia es fácil. Los seres humanos de hoy pueden seguir pensando en términos estrechos, seguir enredándose en discusiones mezquinas, pueden negarse a encarar la realidad y dejar que en las próximas décadas se destruyan las condiciones necesarias para una supervivencia humana decente. La gran mayoría de las especies de la Tierra se extinguieron. Nuestra rama de los primates no cuenta con privilegio alguno. Pero eso no es excusa para abandonarnos en lo que se refiere a nosotros mismos, porque el mero hecho de que podamos entenderlo y hablar de las opciones indica que poseemos la gran ventaja de poder ser previsores. Disponemos de la capacidad de torcer la curva del crecimiento, y torcerla hoy un poco puede tener con el tiempo efectos impresionantes. (Hablamos de esto en el capítulo 6.)

Muchas buenísimas personas que de verdad quieren salvar nuestro mundo suponen que la única solución es que el crecimiento de la población y del uso de los recursos se detenga primero y luego vaya bajando. Pero si tomamos el universo como nuestro modelo, percibiremos que cuando acabó la inflación cósmica el universo no se paró en seco, como un camión que choca contra un muro de ladrillos. Fue la *tasa* exponencial de crecimiento la que se frenó, pero no el crecimiento mismo. El universo pisó a fondo los frenos, redujo su velocidad hasta moverse a la velocidad de una tortuga y siguió adelante durante miles de millones de años sin un muro a la vista. El crecimiento inflacionario de nuestro mundo actual puede continuar, si lo transformamos en una expansión lenta pero constante, durante miles de millones de años.[5]

Otra premisa falsa: muchos interpretan el fin del crecimiento como la muerte del progreso y de la libertad, pero biológicamente el fin del crecimiento es muy diferente. Al llegar a adultos alcanzamos una cierta estatura. Las personas cuyos cuerpos no dejan de crecer sufren la enfermedad del gigantismo: se debilitan y mueren. Quizá ocurra lo mismo con la economía. Este es el final de la adolescencia de la humanidad; es una maduración, y desde aquí en adelante el crecimiento de la complejidad de la civilización humana ya no debería ser físico, sino intelectual, emocional, artístico, relacional y espiritual.

Si tomamos el universo como nuestro modelo, deberemos planificar y perseguir un período de *estabilidad* en el uso de los recursos, lo cual solo podrá ocurrir con unos recursos renovables. El universo, claro está, hizo ese cambio de modo natural. No tuvo que superar la injusticia, el sufrimiento, la adicción y el fatalismo: porque no existían; pero para nosotros sí existen. No obstante, tenemos los conocimientos y los recursos para superarlos. Solo habrá que frenar las actividades que consuman muchos recursos. Nuestro impulso hacia la busca de significado, hacia el contacto espiritual, la expresión personal y artística y el crecimiento cultural pueden ser ilimitados. A estos tesoros abstractos a menudo se les aprecia solo cuando se han perdido, pero si los valorásemos más que a los bienes de consumo tendríamos un nuevo paradigma del progreso humano. El período más creativo del universo, el que engendró las galaxias, las estrellas, los átomos, los planetas y la vida, vino *después* de que terminase la inflación, y lo mismo podría valer para la humanidad. *Un período estable puede perdurar si la creatividad humana va por delante de nuestro impacto físico sobre el planeta.*

La meta debería ser una prosperidad sostenible, perfectamente definida en este dicho zen: «Suficiente es un festín». La clave de la prosperidad sostenible es dar con el ritmo de crecimiento que permita al ingenio humano ir justo por delante del uso de los recursos, gracias a la previsión de sus consecuencias y su consiguiente minimización. Se supone a veces que para mantener un entorno estable debe suprimirse toda innovación. Pero la verdad está en lo contrario. Una creatividad incesante será esencial para preservar la estabilidad a largo plazo. Quienes vivimos hoy determinaremos en gran medida si nuestros hijos y los suyos y sus descendientes contarán con esa posibilidad, o no. Sea lo uno o lo otro, se trata de una decisión gigantesca que conformará el cariz, para mejor o peor, no solo del futuro a largo plazo, sino de cada uno de nosotros.

Los seres humanos quizá hayamos sido los primeros. No es imposible que haya vida microbiana en muchos otros planetas de esta galaxia, pero aquí en la Tierra tuvo que producirse una serie de sucesos de lo más improbables, y especies anteriores, como los dinosaurios, tuvieron que padecer múltiples catástrofes cósmicas antes de que la evolución condujese a la aparición de los seres humanos. La Tierra es nuestro único ejemplo de la evolución de la vida. Si esos sucesos improbables fueron esenciales para que hubiese vida inteligente, nuestro nivel de inteligencia (o un nivel superior) podría ser extremadamente raro. A todo el mundo le interesa descubrir extraterrestres inteligentes, pero suponga que somos la única inteligencia de nuestro tipo. ¿Habrá conciencia y significado en el universo futuro? ¿O solo habrá ruido, que no significa nada?

Esto es lo que supone vivir en un momento crítico para el cosmos.

Muchas culturas anteriores sacaron fuerzas de la creencia de que eran importantes dentro del universo, aunque esa creencia se basase solo en su mitología. Como hoy es el momento crítico en el que acaba la inflación humana en la Tierra, nosotros y nuestros hijos quizá seamos las generaciones de seres humanos más importantes que haya habido hasta ahora. Si es así, también somos importantes para el universo, y nuestra importancia se basa en la ciencia. Si despertamos a la realidad y a nuestra suerte en la Tierra; si aceptamos hechos de autenticidad bien justificada sin dejar que las ideologías los silencien o distorsionen; si estamos dispuestos a ir más allá de las interpretaciones religiosas tradicionales aceptando y valorando los nuevos conocimientos, de modo que la dignidad de esas religiones se circunscriba a su tiempo; y si ponemos lo mejor de nuestra parte para integrar el nuevo universo en nuestro pensamiento hasta que impregne nuestra imaginación y nuestro arte; entonces nuestra cultura conocerá un nuevo tipo de Ilustración. Nos convertiremos en una sociedad cósmica.

El universo, a la Tierra

Entre los indios americanos se decía que la responsabilidad de una persona llegaba «hasta la séptima generación». Un impulso maravilloso. Pero la frase es errónea en el día de hoy, no porque siete sean muchas o pocas, sino porque da a entender que todas las generaciones tienen el mismo grado de responsabilidad. Quienes vivimos hoy tenemos una responsabilidad mucho mayor que generaciones anteriores –que sabían menos–, o que generaciones posteriores, que no estarán en el punto crítico en que nos encontramos. Somos nosotros los que vivimos al final de la inflación humana. Tenemos que elegir una forma de concebir nuestra propia responsabilidad que sea apropiada a nuestro tiempo.

Hay quienes sostienen que no sería tan malo que se extinguiesen los seres humanos: la Tierra iría mejor sin los humanos porque la estamos llevando a pique. Pero desde el punto de vista del *universo como un todo*, la vida inteligente quizá sea un hecho extremadamente raro y lo que más necesite sea la protección de quienes pueden entender que es así. Nosotros –todas las criaturas inteligentes que quizá existan en cualquier galaxia– somos el único medio que el universo tiene para reflexionar sobre sí mismo y entenderse. Entre todos, somos la propia conciencia del universo. El universo entero carece de significado sin nosotros. No es lo mismo que decir que el universo no existiría sin seres inteligentes. Algo existiría pero no sería un universo, ya que un universo es una idea y no habría ideas. El problema de la Tierra no es la presencia de inteligencia: es quizá que no somos *lo bastante* inteligentes para adoptar, todavía, una perspectiva cósmica. Pero la respuesta es darnos tiempo. Darle tiempo a nuestra especie. Y por definición la única forma de hacerlo es vivir sosteniblemente.

No solo estamos los seres humanos en un momento crítico para nuestra especie, ya hemos hablado de eso, sino que la elección de rumbo que hagamos colectivamente repercutirá mucho más allá de nuestra especie e incluso de la Tierra. Si elegimos mal, podríamos empobrecer la conciencia del universo, e incluso destruirla. Depender de extraterrestres para preservar el significado del universo es, según lo que por ahora sabemos, como delegar la tarea a unos ángeles que posiblemente no existan. Si no hay extraterrestres creadores también de significado, nuestro suicidio podría ser el del universo, y es posible que no los haya. No lo sabemos. Los pocos miles de millones de seres humanos que vivimos hoy representamos, y no por elección democrática alguna, a los millones de generaciones de nuestros antepasados y los millones de generaciones de nuestros descendientes potenciales, con todas sus esperanzas, sueños y creaciones. Quienes por azar vivimos hoy tenemos realmente el poder de acabar o de no acabar con este milagro de la evolución. ¿Es realmente el suicidio la impronta que queremos dejarle al universo? Sin seres humanos, hasta donde sabemos, el universo quedará en silencio para siempre. Sin significado, sin belleza, sin sobrecogimiento, sin conciencia, sin «leyes» de la física. ¿Es que hay disputa alguna o posesiones algunas que justifiquen algo así?

La mera verdad es que el futuro de nuestra especie puede que dependa de lo que hagamos ahora para proteger nuestras condiciones de la vida. Todos los días, los actos del hombre están teniendo ya efectos a escalas de tiempo planetarias, e incluso cósmicas y, sin embargo, la mayoría sigue viviendo en la inopia, ateniéndose a una cosmología obsoleta donde esos efectos son invisibles; viven bajo la ilusión de un universo que no existe. Desde su perspectiva es imposible concebir y comprender lo que tenemos que hacer los seres humanos para preservarnos a nosotros mismos y preservar todos nuestros futuros potenciales aquí, en el universo real. Pero seamos claros: la Tierra misma no necesita que la salven. Las ha pasado mucho peores –se ha congelado, ha hervido, la han bombardeado meteoritos–, y seguirá con sus ciclos durante miles de millones de años. Lo que hay que salvar es la combinación de condiciones bajo las cuales la evolución hizo que los seres humanos apareciésemos y con las que prosperamos.

Por lo tanto, ¿qué podemos hacer de verdad? ¿Cómo podemos decidirnos a cambiar de dirección y de prioridades? Este capítulo va de ponerse manos a la obra y aplicar la perspectiva cósmica a los problemas inmediatos.

Parecerá extraño que haya una conexión práctica entre escalas de tiempo tan diferentes como la de la cosmología y la de nuestros actuales problemas medioambientales, pero no solo hay una conexión, sino que es crucial que caigamos muy pronto en la cuenta de que la hay. Cuando entendemos cómo encaja la humanidad en las escalas de tiempo del universo empezamos a percibir lo que nuestro planeta y nuestros descendientes se juegan con las decisiones políticas y ecológicas que se tomen hoy. Y lo que está en juego es mucho más de lo que parece apreciar la mayor parte de la gente. Pero tenemos la inesperada oportunidad de sacar partido de algunas ideas de la cosmología para ayudarnos a concebir esas escalas tan vastas, comprenderlas y actuar en ellas.

En el discurso que dio la noche de su victoria en las primeras elecciones a presidente, Barack Obama habló de una votante de 106 años a la que había conocido, Ann Nixon Cooper se llamaba, y de todos los memorables cambios que había visto ella en su vida. Propuso esa primera noche que se pensase en dentro de cien años; más en concreto, en una época en la que sus dos hijas, niñas aún, Malia y Shasha, pudiesen estar vivas todavía. «Si nuestras hijas viviesen todavía en el siglo que viene, si tuviesen la suerte de vivir tanto como Ann Nixon Cooper, ¿qué cambios verían? ¿Qué progresos habremos hecho? Esta es nuestra oportunidad de responder a esta llamada.» Pensar en dentro de cien años es algo que no se ha hecho en Washington prácticamente nunca y, sin embargo, Obama señalaba que ya están aquí entre nosotros muchos a los que afectarán entonces las decisiones de hoy; son ciudadanos y se debería tenerlos en cuenta. ¿Y si en vez de pensar en un siglo, que en esencia no es más que un número arbitrario, pensásemos en las vidas reales de los niños de hoy? Suponga que con «Malia y Sasha» simbolizamos la generación que va hoy al colegio a estudiar primaria; llamemos al momento correspondiente a los cien años del discurso, hacia el 2108, «horizonte Malia-Sasha». Fijémonos en una tendencia concreta y en lo que nos indica, ahora mismo acerca de los cambios con los que muchos de esa generación en ciernes tendrán que vérselas.

La línea azul de la figura 26 muestra que la concentración de dióxido de carbono en la atmósfera ha fluctuado dentro de un margen muy estrecho durante los dos últimos milenios. El análisis de las burbujas de aire en el hielo antártico indica que este margen, al menos en los últimos ochocientos mil años, está entre un máximo de trescientas partes por millón (ppm) y un mínimo de ciento setenta ppm, durante las eras glaciales. La curva roja de la gráfica representa la cantidad con la que los seres humanos hemos contribuido a esas cifras: se ha ido duplicando cada treinta años, más o menos, desde 1800. El incremento rapidísimo del dióxido de carbono total en la atmósfera se debe a esa contribución humana. Lo impresionante es hasta dónde, a ese paso, habrá subido la línea azul para cuando alcance el horizonte Malia-Sasha (la línea verde).

En la figura 27 se extrapolan dos futuros alternativos de la cantidad de carbono emitida. Se trata de dos de los escenarios del informe del Panel Internacional sobre el Cambio Climático, que compartió el premio Nobel con el ex vicepresidente de Estados Unidos Al Gore. La línea roja representa lo que sucederá en el caso de que las cosas sigan su curso actual; la línea azul representa el caso más favorable, el caso optimista de que se produzca un gran compromiso mundial para recortar las emisiones de dióxido de carbono. Bajo la gráfica de estas previsiones hay una ampliación del período de tiempo que acaba de pasar; esos datos (que se representan como una línea negra) son reales, no son previsiones.

En la gráfica de arriba, se prevé que de continuar el curso actual se alcanzarán enormes emisiones de carbono y un cambio desastroso del clima. Pero incluso el escenario optimista, el más favorable, la línea azul, conducirá a un cambio climático grave. Sabiendo esto, ¿qué estamos haciendo? ¿Estamos reduciendo las emisiones, o seguimos como siempre? Miremos los datos reales de la gráfica de abajo: estamos emitiendo mucho *más* carbono del que se preveía hace un par de años si las cosas no cambiaban.

Dan miedo las respuestas a las preguntas de Obama: «¿Qué cambios verían? ¿Qué progresos se habrían hecho?».

Los economistas nos han enseñado a descontar el valor de los bienes futuros, pero esa idea se ha extrapolado de cualquier manera, y,

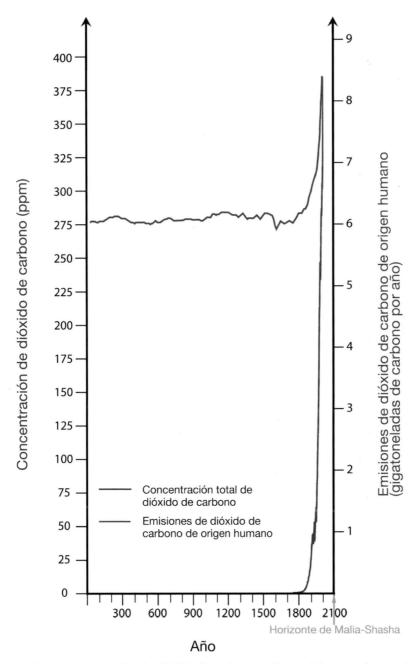

Fig. 26. La concentración de dióxido de carbono en la atmósfera, con la contribución humana exponencialmente creciente

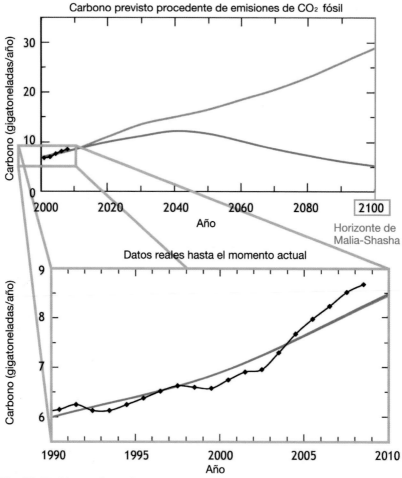

Fig. 27. Emisiones de carbono previstas hasta 2100 y los datos reales hasta el momento actual

por interés propio, para justificar que se descuente la realidad misma del futuro y de quienes vivirán entonces. Los ignoramos como si no fuesen reales. Si nuestros líderes políticos, empresariales y culturales, y los votantes, empezasen a ver como *real* el impacto de sus propias decisiones hasta el horizonte de Malia-Shasha, sería un primer paso gigantesco en la expansión de nuestra conciencia práctica hacia la inclusión del tiempo cosmológico.

El primer paso es el más importante. Establece la dirección y vence la inercia. Tomar conciencia de nuestro enorme futuro potencial fortalece nuestro ánimo presente, así como nuestra sensación de compromiso con el futuro a largo plazo. Pero para hacer en la práctica lo mejor que podamos en pos de una sociedad cósmica, no tenemos que pensar en futuros remotísimos. Basta con que efectuemos cambios no demasiado grandes, pero inmediatos, para *modificar las tendencias*, y si perseveramos en esos cambios pequeños, tras unas décadas los resultados serán inmensos. Si somos rigurosos al analizar nuestra situación y sinceros en nuestras interpretaciones, esos cambios nos llevarán en la buena dirección y quizá consigamos una prosperidad sostenible.

Este capítulo expone dos actuaciones prácticas que, si se emprenden ahora, podrían evitar problemas enormes a largo plazo. La primera es una forma de proceder cuando la ciencia en que debería basarse una decisión sabia es incierta y polémica y, sin embargo, no se puede posponer hacer algo. La segunda se refiere a una situación que urge mundialmente y sobre la que hay un consenso casi completo entre los científicos y, sin embargo, nadie actúa, porque ni se reconocen ni reconocerán las terribles consecuencias de la inacción.

Pasar a la acción pese a la incertidumbre científica

En 1976, la coautora de este libro, Nancy Ellen Abrams, era una joven abogada de la Oficina de Evaluación de la Tecnología, la oficina del Congreso de Estados Unidos que asesoraba a este en cuestiones científicas hasta que el Congreso la abolió en 1995. La Oficina de Evaluación de la Tecnología tenía ya en los años setenta pruebas convincentes de que la temperatura media de la Tierra estaba subiendo, de que el petróleo se estaba agotando, de que nuestro sistema sanitario era insostenible. La tarea de la sección de Abrams consistía en analizar las necesidades científicas y tecnológicas a largo plazo del país, aunque el plazo más largo que se tenía en cuenta no pasaba de unos treinta años. En Washington, donde las decisiones más importantes se hacen a menudo con un ojo puesto en la crisis del momento o la elección venidera, casi todos consideraban que un plazo de treinta años era muy poco realista, un lujo absurdo, y no se lo tomaban en serio. El resultado es que ahora los treinta años han pasado y esos problemas no han hecho sino empeorar. Ahora el tiempo se agota, y a causa de la naturaleza exponencial del crecimiento se agota más y más deprisa. Está claro que la sociedad debe cambiar de rumbo, pero primero hemos de calcular cómo hacerlo, y ello requiere que se entienda el papel de la ciencia en las grandes decisiones de nuestro tiempo.

Es indiscutible que tenemos que dejar de abusar de las fuentes energéticas basadas en el carbono, pero hay grandes dudas acerca de la mejor manera de hacerlo. Una de las grandes dudas, por ejemplo, es el papel que podría desempeñar la energía nuclear. En los años setenta y ochenta, los peligros de la energía nuclear combinados con su enorme coste nos convencieron a muchos de que a largo plazo no era una solución viable o con una relación aceptable entre costes y beneficios. Necesita inmensos subsidios del Estado e incluso hoy en día se sigue sin saber cómo eliminar los residuos nucleares de modo seguro durante las decenas de millares de años en que seguirán siendo radiactivos. Son aspectos negativos de la energía nuclear muy importantes. Pero por otra parte nos espera una crisis que puede ser mucho más grande si la humanidad sigue vertiendo carbono en la atmósfera, el clima se vuelve caótico, las corrientes oceánicas cambian y por todo el mundo hay sequías extremas, huracanes, inundaciones, pérdidas de cosechas, incendios forestales, enfermedades que se extienden donde no las había habido antes e incontables refugiados, sean seres humanos o animales salvajes, que se desplazan por el globo y luchan solo por un sitio donde vivir. Así que cabe recapacitar, y si la energía nuclear pudiese contribuir de una manera apreciable a escapar de ese destino tendríamos que reconsiderarla con la mente abierta y preguntarnos: ¿es posible hacer que sea segura y competitiva económicamente? ¿Cómo? ¿Y qué versión sería la mejor?

Pero ¿en quién podemos confiar para que responda a estas preguntas? No en las compañías eléctricas, cuya meta es la cuenta de resultados. No en los organismos públicos pertinentes, asediados por los grupos de presión y los medios de comunicación, y haciendo malabarismos con el sinnúmero de presiones económicas, políticas y sociales que reciben; rara vez tienen la capacidad de averiguar qué respuestas son, desde un punto de vista científico, las más apropiadas.

Abrams inventó un método para dar con las mejores respuestas mientras trabajaba en la Oficina de Evaluación de la Tecnología; lo expuso en un artículo que escribió con R. Stephen Berry, de la Universidad de Chicago. El método recibe el nombre de «mediación científica».[1] Su propósito es extraer las cuestiones científicas que se hallan inmersas en un problema político sujeto a controversia, la política energética por ejemplo, de forma que se les dé la importancia que se merecen y de forma que no solo quienes toman la decisión política final, sino también los demás afectados y la gente en general, puedan ver qué se sabe y qué no, para que así sea posible tomar una decisión mejor informada y socialmente responsable. La mediación científica no pretende decidir sobre ninguna cuestión política, ni plantear las de índole moral; solo quiere dejar claro el aspecto científico de esas cuestiones. Los científicos y otros expertos que asesoran a los gobiernos son seres humanos como los demás. Pueden mezclar prejuicios personales en sus opiniones supuestamente expertas, a veces sin darse cuenta. Pero durante una «mediación científica» esos prejuicios tienden a aflorar, y permite aclarar el grado en que la recomendación de una política que seguir se basa de verdad en fundamentos científicos. Cuando el informe de esta mediación se hace público, resulta más fácil entender los aspectos técnicos de la disputa y qué está en juego; mucho mejor, quizá, que como los propios científicos lo entendían al principio.

Nunca se ha intentado llevar a cabo una «mediación científica» en Estados Unidos, pero al Gobierno sueco le dio muy buen resultado cuando quiso determinar si el plan de las compañías eléctricas suecas de eliminar los residuos nucleares era «adecuado». (El gobierno sueco estaba obligado por ley a certificar que existía un plan adecuado de eliminación de los residuos nucleares antes de permitir que se pusieran en marcha tres centrales nucleares ya terminadas.) Encargó simultáneamente más de cuarenta estudios del plan propuesto de eliminación de residuos nucleares a comisiones de energía nuclear y a grupos de investigación de distintos lugares del mundo. Para su propio estudio, la Real Comisión de Energía de Suecia decidió valerse de la «mediación científica» y contrató a Abrams para que desempeñase el papel de mediadora. La mediación científica, en la que solo intervinieron tres personas más un grupo asesor, descubrió problemas en el plan que a los demás estudios se les habían escapado pese a ser mucho más amplios. Este resultado resultó tan útil que la «mediación científica» fue durante unos años el procedimiento habitual del Ministerio de Industria sueco, de pensamiento muy avanzado. Fue una elección valiente, ya que la «mediación científica» es peligrosa para cualquier organismo que haya decidido de antemano qué quiere hacer y se limite a buscar la bendición de los expertos: como el método científico, este procedimiento saca a la luz verdades que pueden resultar poco convenientes a corto plazo aunque sean esenciales a largo plazo.

Para realizar una "mediación científica" un organismo público necesita incorporar un científico muy respetado, experto en la cuestión de que se trate, en cada parte de la controversia, para que la represente, y un mediador que facilite el desarrollo del inusual protocolo. Cada uno de esos científicos creerá que los datos, existentes pero inadecuados, como todos admiten, concuerdan con su interpretación. Con la ayuda del mediador, cada uno de los científicos enfrentados colabora en la redacción de un informe en lenguaje corriente, sin tecnicismos, en el que:

> 1. Crean una lista de las áreas principales en que hay acuerdo, lo que circunscribe la disputa.
> 2. No solo exponen los argumentos de su propia parte, sino que formulan los mejores argumentos de la otra, hasta que convencen al oponente de que entienden su postura.
> 3. Confeccionan una lista con los principales puntos de desacuerdo.
> 4. Deben entonces *ponerse de acuerdo en la razón por la que discrepen* sobre esos puntos.
> 5. Finalmente, describen el tipo de investigación que hay que llevar a cabo para responder adecuadamente al tema planteado.
> 6. Ambos firman el documento.

Si algún organismo público o fundación privada patrocinasen una mediación científica auténtica sobre si se podría hacer que la energía nuclear resultase segura y con una relación entre costes y beneficios aceptable, o si fuera posible un carbón limpio, o cuál sería en realidad el máximo nivel seguro de carbono en la atmósfera, o sobre cualquiera de las demás grandes cuestiones científicas que subyacen a los debates políticos actuales, no solo los legisladores, sino nosotros, la gente, saldríamos ganando al disponer de la mejor información posible, un conocimiento además que sería ponderado y justo con todas las opiniones. Eso solo ya tendría un valor inapreciable. ¿Qué decidiría entonces el país? ¡Eso ahora podríamos discutirlo! Para eso está la política, y una sociedad cósmica seguirá siendo una sociedad política. Pero el público debería exigir que *todas las opciones que se discutan sean realistas y factibles desde un punto de vista científico*. Una sociedad cósmica necesita un compartir un mismo enfoque de la realidad que se base en una ciencia sólida y a partir del cual podamos proceder a construir el futuro.

Negarse a la acción pese al consenso científico

En 1988 viajamos los dos autores a la ex Unión Soviética, como parte de un proyecto, en el que colaboraban científicos estadounidenses y soviéticos y abogados internacionales, para acabar con el lanzamiento al espacio de reactores nucleares como fuente de energía de satélites en órbita. Queríamos contribuir a que no se produjese en el espacio una carrera de armamentos típica de la guerra fría; queríamos impedir también que dichos reactores se convirtiesen al final en desechos radiactivos espaciales. Encabezaba la parte estadounidense Joel R. Primack; la parte soviética, Roald Dagdeev, por entonces director del Instituto de Investigaciones Espaciales Soviético. La Unión Soviética ya había puesto en órbita unos cuarenta reactores y dos habían caído, uno sobre el norte de Canadá, en 1978, y el otro en el mar, en 1983. Mientras, Estados Unidos estaba planeando el lanzamiento de reactores mucho mayores como fuente de energía de los satélites del sistema de defensa contra misiles, conocida popularmente como guerra de las Galaxias, y nos parecía que la Unión Soviética podría estar dispuesta a parar sus lanzamientos si Estados Unidos se comprometía a no empezar. Nuestra delegación convenció al Gobierno soviético de que no lanzase más reactores durante dos años. Pasado ese tiempo, la Unión Soviética ya no existía, y no se habían lanzado más reactores. Aunque se tuvo éxito en impedir el lanzamiento del peor tipo de satélites, no se trató más que de una pequeña parte de un proyecto que apenas si está en sus inicios: proteger a la Tierra de cientos de posibles desastres causados por los residuos espaciales.

Nuestra sociedad ha acabado por depender de los satélites. Su papel en las comunicaciones, el posicionamiento global, la observación meteorológica y climática, y otras investigaciones es hoy en día enorme. Para que el desarrollo futuro de la humanidad no dependa de un consumo incesante de recursos tendrá que basarse en unas interconexiones culturales mejores. Tenemos, pues, que proteger los medios de comunicación. Necesitaremos satélites durante mucho tiempo, pero no podemos seguir lanzándolos al espacio indefinidamente sin bajar los viejos y sin impedir que los residuos espaciales se acumulen.

Muchos oyeron hablar por vez primera de los residuos espaciales el 10 de febrero de 2009, cuando un satélite de comunicaciones estadounidense Iridium y un satélite ruso ya inactivo, que se movían por órbitas diferentes a veintisiete mil kilómetros por hora, chocaron y se rompieron en innumerables pedazos. Cuando pasa esto no es como en las películas de ciencia ficción. En la primera película de la *Guerra de las galaxias*, por ejemplo, el público ve una gran explosión en el espacio y un momento después los trozos desaparecen y la vista desde la cabina de la nave espacial está completamente despejada. Lo que realmente pasa cuando hay una colisión en el espacio es que salen despedidos pedazos de todos los tamaños y formas. Algunos caen hacia la Tierra y se queman en la atmósfera, pero la mayoría entran en órbitas erráticas a veintisiete mil kilómetros por hora, que es diez veces la velocidad de una bala de rifle de alta potencia. A medida que aumenta el número de satélites y de trozos de satélite a una altitud determinada, los fragmentos golpean contra otros fragmentos o satélites, que a su vez golpean otros trozos, y al final puede haber una reacción en cadena. Reacción que puede que ya haya empezado.

Se conoce el derrotero de unos veinte mil pedazos de más de diez centímetros de tamaño, pero se ha perdido la pista de un número incontable. No se sabe dónde están exactamente, así que no hay forma de hacer planes para eludirlos. La figura 28 es una especie de instantánea en un momento concreto de los pedazos de derrotero conocido que orbitan alrededor de la Tierra.

El espacio es el entorno más frágil que tenemos; es el menos capaz de repararse a sí mismo. Solo la atmósfera de la Tierra puede eliminar los satélites en órbita. Cada once años, en un ciclo que por ahora no está explicado, el Sol produce erupciones que calientan la atmósfera superior de la Tierra y la expanden, de forma que los residuos y los satélites de órbitas bajas quedan sujetos a una fricción mayor y empiezan a caer. La mayoría cae en el mar, ya que la Tierra es en su

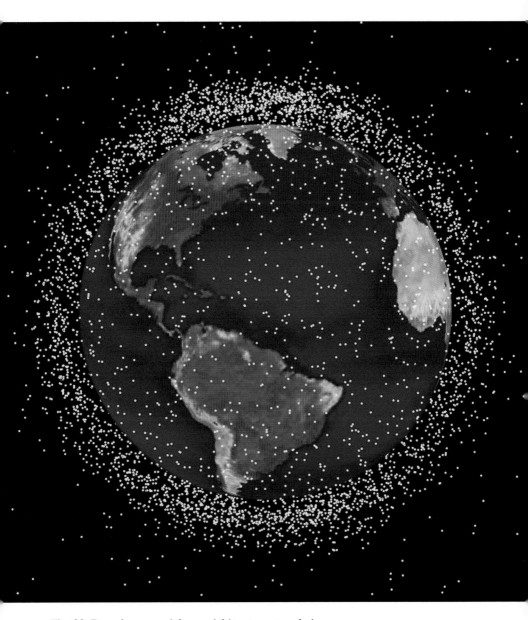

Fig. 28. Desechos espaciales en órbitas terrestres bajas

mayor parte mar. Si caen descontroladamente hay algún peligro de
que caigan en tierra, pero al menos es una forma de limpiar el espacio. Cuanto más elevada sea la órbita original de un satélite, menos

aire habrá con el que colisionar y más tardará el desecho en reentrar en la atmósfera. No hay una manera práctica de limpiar el espacio de desechos. Un cubo que se lanzase para recogerlos acabaría siendo él mismo un desecho. Por terribles que sean, se puede llegar a retirar, con fuerza de voluntad, los millones de minas dejados por guerras anteriores en Afganistán y en otros países, pero los residuos espaciales en órbitas a más de ochocientos kilómetros de la superficie de la Tierra estarán allí durante decenios, a más de mil kilómetros durante siglos y a más de mil quinientos kilómetros para siempre, a todos los efectos.

Cuando se comprende cuánto tiempo podría durar todavía la civilización humana y cuánto nos es necesario hacer *ahora* para proteger el futuro, se percibe la importancia de nuestro entorno espacial. Una vez entendemos que estamos en la mitad del tiempo, viene a ser de sentido común –un nuevo sentido común del universo– que se insista en que todos los satélites lanzados por quien sea, privado o público, tengan un cohete que permita que se les devuelva abajo de modo seguro. La razón de que no se haga es que implicaría un coste adicional que no se exige legalmente. Pero la humanidad tiene solo una oportunidad de salvar nuestro entorno espacial para las generaciones futuras, y la tiene precisamente ahora.

Las colisiones accidentales de residuos espaciales, sin embargo, no son la peor amenaza para el espacio: la mayor amenaza es la guerra en el espacio. Se lleva arrastrando en Estados Unidos el debate público sobre la guerra de las Galaxias desde hace ya un cuarto de siglo, desde los años de la presidencia de Ronald Reagan. Se ha centrado en los costes inmensos, financieros y políticos, y en la improbabilidad de que un sistema semejante pueda funcionar. Pero en el debate se ha pasado por alto casi por completo una cuestión crucial: bastaría una sola guerra en el espacio para crear un campo de batalla que duraría a todos los efectos *para siempre* y que dejaría a nuestro planeta encapsulado en un envoltorio de veloces esquirlas metálicas. El espacio cercano a la Tierra se volvería así muy peligroso tanto para fines pacíficos como para propósitos militares. Ni siquiera tiene que haber una guerra espacial de verdad para que se produzca esa catástrofe. Basta con prepararse para ella, ya que cualquier país que se sienta amenazado por las armas espaciales de otro país solo tendría que lanzar el equivalente a un camión de grava para destruir el sofisticado armamento; pero la grava también destruiría los satélites civiles que se encontrasen a la misma altura, entre ellos esos de los que dependemos para la información meteorológica, el sistema de posicionamiento global y las comunicaciones.

Estos deberían ser los principios internacionales de protección del espacio;

1. No desplegar armas ofensivas en el espacio.
2. Evitar la fragmentación de los satélites.
3. Prohibir las explosiones de cualquier tipo en el espacio.
4. Exigir la reentrada segura de todos los satélites cuando termine su vida útil.
5. Prohibir los reactores nucleares en órbita.

Las alianzas políticas siempre están cambiando, a veces drásticamente. Los peores enemigos de Estados Unidos hace solo sesenta y cinco años, los alemanes y los japoneses, están hoy entre sus aliados más estrechos, y es así desde hace ya décadas. Podría parecer que unas armas nuevas y fardonas en el espacio nos darían una ventaja sobre el enemigo actual, quienquiera que fuera, pero al tomar semejante decisión nos convertiríamos en los archienemigos de nuestros hijos. Cualquier ventaja militar transitoria palidecería ante la eterna, abrumadora inmoralidad de aprisionar la Tierra durante miles de años en un halo de proyectiles.

Podríamos también tomar en cuenta que nuestro planeta está expuesto al cosmos. ¿Quién sabe qué les haría entender un halo de proyectiles a otros seres inteligentes que nos estuviesen observando? Sin duda, nada bueno acerca de nuestra inteligencia.

No se puede predecir cómo será realmente el mundo cuando los niños que hoy van al colegio sean viejos, pero tenemos, no obstante, la obligación moral de hacernos responsables de las consecuencias probables de nuestras decisiones actuales *al menos* hasta su horizonte. Y tenemos la obligación intelectual de basar esas previsiones en ciencia sólida, lo que requiere enfoques nuevos, como la mediación científica, para llevar esa exigencia científica hasta el proceso de elaboración de las políticas, y no solo las de los gobiernos, sino también las de las empresas, los tribunales, las organizaciones de interés público y todos los grupos con influencia sobre –y que se jueguen algo con– el futuro.

Desde una perspectiva cósmica, estamos viviendo en medio del mejor período para la vida en la Tierra, lo cual cae en la mitad de la existencia de la Tierra, y del Sol también, y que es además el momento culminante en toda la existencia de nuestro universo para la observación astronómica. La cuestión no es por qué coinciden todos esos puntos medios; quizá sea mera casualidad. Lo importante es que saber que es así nos da una forma de percibir que el momento presente –el fin del crecimiento exponencial, momento crítico para la humanidad, resultado de nuestra forma de proceder, nos guste o no– es parte de un empeño cósmico con un significado más amplio de lo que casi nadie haya imaginado jamás. Al juntar las piezas, vemos que nos enfrentamos a tres grandes retos.

El *primero* consiste en penetrar en el nuevo cosmos, en *verlo* no solo como una mera idea de la física, sino como nuestra patria mental compartida, una patria en la que el tiempo cosmológico es en muchas cuestiones la única perspectiva apropiada y donde los peligros globales, aunque quizá no se descontrolen en una generación o dos más, son tan *reales* como un huracán.

El *segundo* gran reto consiste en valerse de estos nuevos conocimientos para desarrollar una visión de largo alcance y a gran escala que se pueda entender y compartir ampliamente con independencia de la religión de cada cual. Esta visión debe fundarse en el conocimiento científico tanto del universo como de las idiosincrasias de la conciencia humana, puesto que nuestra realidad depende, y siempre lo hará, de la interacción de ambas. Una cosmología coherente y compartida fue para nuestros antepasados un manantial de fuerza de unión que les permitió confiar y cooperar en grupos cada vez mayores, y esa capacidad de cooperar en grupos cada vez mayores hizo que la civilización fuese posible. En la civilización global que está emergiendo, la cooperación tendrá que ser entre números de personas mucho mayores que los que hayamos visto los seres humanos nunca antes. Tendrán que estar incluidos en ese consenso países que crecen tan deprisa como China, India y Brasil. Nuestro conocimiento científico de la encrucijada humana quizá sea lo más importante que tengamos en común.

El *tercer* y definitivo reto para todos consiste en perseguir el conocimiento de la naturaleza *para armonizar nuestro comportamiento con ella*, en vez de usarla solamente para explotarla mientras se generan montañas de basura y de infelicidad.

¿Estaremos a la altura de estos retos?

Quién lo sabe. El futuro de la humanidad no está determinado. Una cosa, sin embargo, es absolutamente cierta: si somos bastantes los que nos comprometemos a intentarlo, a la luz de las leyes que ahora conocemos del nuevo universo, y si al hacerlo así construimos *de hecho* una comunidad transnacional que valore y respalde ese trabajo y aprecie la tumultuosa variedad de las contribuciones que crean una cosmología unificada, visionaria, aumentaremos muchísimo la probabilidad de que la respuesta sea afirmativa. Cuanto mejor captemos el alcance y significado del pasado, tanto mejor podremos captar el alcance, el significado y las posibilidades del futuro del hombre. Esta conciencia compartida puede darnos no solo herramientas analíticas, sino una sensación de premura y esperanza que nos llegue hasta el fondo del alma, y lo uno con lo otro pueda servirnos para estar a la altura de lo que nuestro momento crítico exige.

Un nuevo relato de los orígenes

Nos empobrece a todos que la cultura moderna carezca de un universo que tenga significado, pero las complicaciones de la vida diaria nos distraen y son pocos los que alguna vez dan un paso atrás y se percatan de que nos falta algo esencial a toda vida humana: no contamos con un contexto creíble y compartido de los problemas que hemos de encarar entre todos. Nos limitamos a seguir pensando localmente, mediante las agotadas metáforas de nuestros viejos sistemas políticos y económicos, o hasta de las religiones aún más viejas, mientras los efectos de nuestras acciones colectivas se propagan por todo el planeta y se extienden hacia el futuro distante, más allá de nuestra actual capacidad de concebir, comprender o responsabilizarnos de algo. El significado o la importancia de cualquier cosa que una persona haga nunca son intrínsecos a esa acción; solo existen desde la perspectiva de un contexto más amplio. Por lo tanto, si carecemos de ese contexto, tampoco tendremos una manera profunda de elegir. Aunque las partes interesadas nos griten a un oído y al otro por qué deberíamos ir para allá en vez de para acá, a menudo nos quedamos paralizados. El rumbo más sencillo consiste en seguir a los que nos prometen lo que suponemos que queremos. Las consecuencias de esta estrecha forma de pensar –la elección repetida de un bien menor y a corto plazo en vez de un bien mayor y a largo plazo– son evidentes en la vida pública, aunque no lo sea su causa más profunda. Es decir, no todavía.

Sea usted un ciudadano o el presidente de su país, para que entienda lo que está pasando a nivel *global* tendrá que pensar cósmicamente, no solo globalmente. Cósmicamente es el contexto más amplio, y un prerrequisito para pensar cósmicamente es poseer un cosmos con significado. Las culturas anteriores nos mostraron cómo se crea uno: requiere, quizá antes que otra cosa, un relato creíble que explique cómo vino todo a ser y cómo estamos todos conectados íntimamente a todo lo que es. Dicho relato debe explicar las fuerzas invisibles del universo. En una época de ordenadores y demás dispositivos electrónicos basados en la mecánica cuántica, en una época de sistemas de posicionamiento global basados en la relatividad general, nadie puede sostener en serio que no haya fuerzas invisibles. En el Uroboros cósmico casi toda la realidad es invisible. El relato también debe explicar de modo convincente nuestra propia existencia aquí y ahora, y debe ser igualmente verdadero para todos. Este es un criterio tan importante que se merece las mayúsculas: IGUALMENTE VERDADERO PARA TODOS EN LA TIERRA. Por primera vez es posible un relato así.

Joseph Campbell, conocido mitólogo, defendía apasionadamente en su último libro, *The Inner Reaches of Outer,* que el mundo moderno necesita más que cualquier otra cosa un relato que lo unifique. «Los viejos dioses, o han muerto, o se están muriendo», escribía, «y por todas partes las personas buscan y se preguntan: ¿cuál es la nueva mitología, la mitología de esta tierra unificada como mitología de un solo y armonioso ser?» Los seres humanos estamos ahora emergiendo de una era de mitos sobre los orígenes basados puramente en la imaginación. Esto ha durado muchos miles de años. Sin embargo, estamos entrando en una era nueva en la que nuestro mito sobre los orígenes a la vez se inspirará en la ciencia y será verificado por la ciencia. Son muchos, de los literalistas bíblicos a las grandes empresas contaminadoras y a los filósofos posmodernos, los que denuncian la ciencia o la desprecian, pero cuando toman una medicina moderna o se suben a un avión ponen sus vidas en manos de la ciencia, y sus actos son una señal más fiable que sus palabras de en qué ponen su confianza. Aunque siempre habrá grupos que se aferren a viejas ideologías, la ciencia es hoy un esfuerzo cooperativo mundial y sus descubrimientos están a disposición de todos. La ciencia —no solo la cosmología moderna, sino en general la manera científica de enfocar la realidad– es el único fundamento posible de un relato sobre nosotros mismos globalmente unificador. Lo que construyamos sobre ese fundamento no solo requerirá ciencia; requerirá sabiduría, audacia, una inmensa creatividad y buena fe, para empezar. Pero el fundamento ha de ser sólido o lo demás se vendrá abajo.

Personas entregadas están trabajando en todo el mundo para encontrar la solución de diversos problemas globales. Experimentan con ideas y tecnologías nuevas. Pero aunque algún grupo diese con un plan brillante y completo para renovar la Tierra ecológica, política y culturalmente, un plan que condujese a una civilización mundial sostenible, vibrante y justa, es muy improbable que hubiese hoy un acuerdo para llevarlo a cabo. Un plan para salvar el mundo, por fantásticamente útil que fuese, no convencería por sí mismo a la población de la Tierra de que el éxito es posible y, por lo tanto, de que los costes en que hoy se incurriese merecerían la pena. Sí podría lograrlo, sin embargo, una visión creíble y deseable que nos incluya a todos. A los seres humanos no nos motivan las ideas, sino los sentimientos, si bien las ideas son los medios gracias a los cuales podemos usar esos sentimientos. Tenemos que *sentir en nuestra propia carne* que está sucediendo algo que es mucho más grande que nuestras mezquinas disputas y nuestra obsesión con ganar y gastar; tenemos que sentir que el papel que a todos nos toca en ese algo tan grande es lo que realmente define el significado y el propósito de nuestras vidas. Esto es lo que las cosmologías han hecho tradicionalmente. Muchos, religiosos o no, lo intuyen, pero no son capaces de ponerse de acuerdo en cuál es esta visión fundamental o en qué nos exige, ya que nuestros puntos de vista individuales no tienen un marco de referencia para tomar en consideración la escala de nuestros problemas, que es de tamaño global. Pero con un marco de referencia cósmico queda claro que los seres humanos estamos desempeñando un papel cósmico, lo crea la gente o no.

Resulta más fácil ver la importancia de un relato de los orígenes en una escala menor. Todos los países tienen su propio relato de los orígenes, que por lo usual incluye al menos alguna verdad y se convierte en el mito por el que la gente se guía. Por ejemplo, el relato que los niños de Estados Unidos aprenden habla del motín del té en Boston, la cabalgada de Paul Revere, la Declaración de la Independencia, la guerra Revolucionaria (o de la Independencia), la Constitución, la Carta de Derechos, la sabiduría y prudencia de los Padres Fundadores. Son elementos de la mitología estadounidense que liga entre sí a los ciudadanos en la empresa compartida de mantener la democracia y la libertad, aunque ninguno estuviésemos allí para asistir a nada de ello. Hasta el nombre, Estados Unidos de América, es un relato, cuenta una historia. Del mismo modo, pero a una escala mucho mayor, los seres humanos, para mantener unida una comunidad global en la empresa compartida de preservar y proteger las condiciones que permitan que nuestros hijos y nietos prosperen en este planeta azul, tendremos que comprender que el relato de los orígenes de *todos* es la línea argumental de nuestra especie, que se prolonga más allá de nuestros primeros antepasados a través de los sucesos cósmicos que los precedieron.

Las culturas anteriores crearon metáforas que expresaban su sentido mítico de los orígenes: la Serpiente Mundo se emparejó con el Huevo Mundo; el Abuelo Fuego creó la luz, los colores y la canción; el espíritu de Dios se cernió sobre las Profundidades. Hemos de hacer lo mismo con el universo que ahora sabemos que existe y es el nuestro. Tenemos un conocimiento técnico y científico nuevo, pero convertirlo en un relato y en una película mental que lo acompañe es esencial si queremos disponer de un contexto mítico que trascienda las diferencias culturales y sea IGUALMENTE VERDADERO PARA TODOS EN LA TIERRA.

El relato de los orígenes que se basa en la ciencia trata de sucesos cuya escala es diferente de la escala de los relatos de la creación tradicionales. Relata un universo nuevo. Explica cómo llegamos unos seres inteligentes a ser parte de ese cosmos que evoluciona y cuán profunda y antigua es la identidad que compartimos con los demás y con toda forma de vida. Ensancha la mente, tiene profundidad, trasciende las diferencias locales y, sobre todo, los hechos observables lo respaldan. Pero al principio descoloca: no hay personajes que resulten familiares, no sigue las reglas implícitas del arte de narrar, ni siquiera las reglas de la existencia sobre la Tierra. Pero no puede ser de otra manera, ya que nuestro papel como seres humanos va más allá de la Tierra. Formamos parte de un suceso rarísimo como fenómeno e importante cósmicamente: la aparición de la inteligencia y la civilización en un universo que en otro tiempo no era más que partículas y energía.

«Al principio»: así es como empiezan tradicionalmente los relatos sobre los orígenes en todo el mundo. «Al principio el alto dios se levantó de las Aguas Primigenias», dice un relato de la creación del antiguo Egipto. «Al principio no había tierra. El Que Da y El Que Vigila se sentaron fuera de su cabaña-sauna»: así empieza una versión de los indios americanos sobre la creación. «Al principio Dios creó los cielos y la tierra» es la primera frase del libro del Génesis. Pero un mero «al principio» no vale para un relato científico. «Al principio» *debe* estar seguido de un «de» y a continuación de algo que sea definible. No hay un principio en sí. El principio es una forma que tienen las *personas* de trazar una raya que les sirve para pensar en lo que puede existir. Podemos decir «al principio de la Tierra» o «al principio de nuestro universo», pero no podemos decir «al principio» porque entonces está implícito un «de todo», y «todo» no es una noción nítida a menos que se pueda definirla, y no se podrá si no se cuenta con un relato convincente de los orígenes. El primer paso consiste en ser preciso acerca de a qué se refiere nuestro relato de los orígenes: a nuestro universo, el cual, como veremos, podría no ser todo.

Nuestro nuevo relato de los orígenes: estadio uno

Al principio del *Big Bang* fue la inflación cósmica. Lo que acabaría convirtiéndose en nuestro actual universo visible era solo un «punto de ignición», una región tan pequeña que se encuentra casi en la punta de la cola de la serpiente del Uroboros cósmico. En 10^{-32} salvajes segundos, el punto de inflación se infló exponencialmente al menos 30 órdenes de magnitud, hasta el tamaño de un recién nacido; es decir, se expandió a lo largo de las escalas comprendidas entre la punta de la cola del Uroboros cósmico y su mitad más o menos, hasta el tamaño de un ser humano, como se representa en la figura 25. En ese breve proceso se generaron todos los impulsos cuánticos que han moldeado la telaraña cósmica y que lo harán, puede decirse que para siempre.[1] Entonces, súbitamente, como una gota de agua que se congela, el universo atravesó una transición de fase, el llamado *Big Bang*, y el ritmo de la expansión disminuyó radicalmente: de exponencial a lento y constante. Han hecho falta catorce mil millones de años para expandir el universo en el mismo factor en que se expandió durante aquella primera fracción de segundo.

El espacio-tiempo emergió del *Big Bang* más liso que el más liso de los lagos, pero aun así no era perfectamente liso. Tenía sutiles rugosidades tan pequeñas quizá como una partícula elemental, rugosidades tan grandes como el universo y rugosidades de todos los tamaños entre aquellas y estas. Fue bueno para nosotros, porque si el universo hubiese sido al principio perfectamente liso seguiría siéndolo ahora, solo que muy expandido. No habría concentraciones de materia: no habría galaxias, no habría estrellas, no habría planetas, no habría vida. Las imperfecciones del universo, las rugosidades primigenias, han sido el origen, el fundamento de la telaraña cósmica de galaxias, cúmulos de galaxias y supercúmulos que se extiende por todo el universo. El nuevo espacio-tiempo estaba lleno de una niebla en expansión —caliente, densa e increíblemente lisa y carente de turbulencias— de partículas (quarks, electrones, neutrinos y materia oscura) que volaban a gran velocidad, libres y sin ligaduras. A medida que el universo se expandía y enfriaba, las partículas iban revelando rápidamente sus naturalezas distintivas: se aniquilaban, interaccionaban, se fusionaban, gravitaban. La luz del *Big Bang* era tan intensa que martilleaba las partículas cargadas eléctricamente —los electrones y los protones, no la materia oscura—, pero no podía abrirse paso entre ellas: el universo infantil era opaco. Hicieron falta cuatrocientos mil años de expansión a fin de que se enfriase lo suficiente para que se volviera transparente. En ese momento, la antes encerrada luz del *Big Bang* corría en todas las direcciones y transportaba la imagen del universo tal como era en aquel momento anterior, como era solo cuatrocientos mil años tras el principio. Esa imagen se representa en la figura 29; esa es la luz del *Big Bang* en el firmamento entero.

A medida que el universo juvenil se expandía, la materia oscura se movía, despacio, por todas partes, hacia las sutiles rugosidades del espacio y arrastraba consigo los átomos. Cuando las regiones que contenían materia oscura llegaron a tener una densidad que duplicaba la densidad media a su alrededor, dejaron de expandirse y formaron halos invisibles, dentro de los cuales se constituirían más tarde las galaxias visibles.

La gravedad ha estado luchando contra la expansión desde el *Big Bang* mismo. La expansión y la contracción son las dos fuerzas del

Fig. 29. Radiación del fondo cósmico de microondas

universo que se contrapesan. En las regiones del espacio donde la energía oscura es densa, la gravedad ha ganado y domina la región. Las galaxias y los cúmulos de galaxias están cohesionados gravitatoriamente y permanecerán cohesionados para siempre; viajarán como una unidad en la gran expansión mientras la evolución prosigue en su interior.

Pero la energía oscura, que es creada por el espacio y era insignificante cuando el espacio era pequeño, no ha dejado de aumentar a medida que el universo se expandía; en cambio, la cantidad de materia oscura seguía siendo la misma. Hará unos cinco mil millones de años, la materia oscura –en otro tiempo tan dominante que su gravedad frenaba la expansión del universo entero– perdió la lucha por el poder contra la marea creciente de la energía oscura; la expansión del universo dejó de frenarse y empezó a acelerarse. Hoy, en esas inmensas escalas donde un cúmulo de galaxias es solo una mota, la expansión ha ganado y el espacio es salvaje. Lo que la gravedad no ha cohesionado ya, nunca lo cohesionará.

Contenidas en el interior de los halos primitivos de materia oscura, las nubes de hidrógeno gaseoso empezaron a caer sobre sí mismas y a entrar en ignición: se convirtieron en las primeras estrellas.

Dentro de las galaxias, protegidas por la gravedad de las fuerzas de la energía oscura de afuera, se produjeron, y siguen produciéndose, sucesos maravillosos y complejos. Generaciones de estrellas produjeron un arco iris de átomos exóticos, nuevos elementos químicos que eones más tarde harían posible la vida en planetas que no existían todavía. Pasados nueve mil millones de años, justo en la era de equilibrio cósmico en la que el poder se transfirió de la materia oscura a la energía oscura, se formaron el Sol y sus planetas, a medio camino, más o menos, entre el centro y el borde visible de nuestra galaxia.

En cuanto la Tierra empezó a enfriarse adquirió vida microbiana. Las estrellas similares al Sol arden durante unos diez mil millones de años; en el punto medio de la existencia del Sol, que es ahora, los microbios de la Tierra habían evolucionado hasta dar lugar a incontables especies, entre ellas una con la inteligencia y la técnica necesarias para descubrir el universo, descodificar su historia en la vieja luz que le seguía llegando y empezar a sondear el significado de su lugar en el cosmos. Pero con la misma inteligencia y la misma técnica, esa especie ha desbordado su planeta y expoliado buena parte de su superficie, incluidos los mares, mientras a duras penas entiende las consecuencias de lo que ha estado haciendo porque, entre otras razones, no ha aprendido todavía a pensar en plazos suficientemente largos. No ha entendido todavía la necesidad de equilibrar la expansión con la contracción, de aceptar que así es como funciona nuestro universo.

Nuestro nuevo relato de los orígenes: estadio cero

El estadio uno de nuestro relato de los orígenes empezó con el instante de la inflación cósmica. Pero ¿qué hubo antes? ¿Qué causó la inflación cósmica? Para muchos, solo la palabra *Dios* puede responder a la pregunta de qué hubo antes. El enfoque de la ciencia es diferente: hay que seguir llevando el principio más atrás. Si hay una razón fundamental por la que lo anterior sea incognoscible, queremos conocer esa razón fundamental.

Hay una distancia finita, remontando el tiempo, que la cosmología puede explicar con la teoría de la doble oscuridad, el *Big Bang* y la teoría de la inflación cósmica, pero por ahora ese es el final de la línea cronológica. Desde el momento de la inflación cósmica, yendo adelante en el tiempo hasta el día de hoy, es ciencia, pero lo que ocurrió antes de aquel momento es el objeto de teorías no confirmadas por pruebas observables, y la teoría sin pruebas es metafísica. La *metafísica* se define a veces como una rama de la filosofía que intenta explicar la naturaleza última de la realidad, pero aquí usamos la palabra en un sentido completamente literal para referirnos a un campo de indagación que, al menos por ahora, va «más allá de la física». Pero aunque el origen de la inflación cósmica pueda ser objeto de la metafísica, no es una mera cábala: se basa en cálculos serios. Estos cálculos, ¿son meras especulaciones matemáticas acerca del universo real? No lo sabemos todavía. Ni siquiera está claro que podamos contrastarlos empíricamente. Pero un relato de los orígenes, si es que ha de darnos fuerza, debe ir tan lejos como quepa imaginar; de hecho, debe expandir nuestra imaginación. Según la mejor teoría que tenemos, lo cual no quiere decir que sea la mejor que podríamos tener, cuando extrapolamos las ecuaciones matemáticas de la inflación cósmica hacia atrás, en busca de su origen, la posibilidad más verosímil es que la inflación haya estado ocurriendo desde siempre y siga ocurriendo casi en todas partes, aunque no aquí, en nuestro universo. Le advertimos de que sin pruebas esta «precuela», esta fase previa al relato de nuestro universo, no es todavía, oficialmente, ciencia, pero la verdad es que también se están realizando investigaciones científicas serias en este campo, matemáticamente sofisticadas, conceptualmente apasionantes y publicadas en las revistas más prestigiosas. Es una extrapolación científica de ideas científicas bien establecidas que quiere ver adónde conducen cuando retrocedemos en el tiempo.

Según la teoría, aún controvertida, de la inflación eterna,[2] hay dos posibles estados de ser: el espacio-tiempo y la inflación. El reino de la inflación recibe el nombre de «superuniverso» (o «multiverso» o «metauniverso»). Una vez ese estado de ser existe, dura para siempre, pero pequeñas bolsas o burbujas se forman en él y se convierten en *big bangs* que dan lugar a universos que pueden tener leyes de la física distintas de las nuestras. Nuestro universo sería en tal caso una entre incontables burbujas de espacio-tiempo en el caldero de la inflación eterna. La inflación eterna es caliente y densa, y la expansión del espacio entre las burbujas se acelera exponencialmente para siempre, de modo que entre los universos nada se podrá formar nunca y solo se aplicarán las leyes de la mecánica cuántica.

En una versión de la inflación eterna, el superuniverso es una especie de Las Vegas cósmico; es decir, las leyes del azar mandan. Imagínese que se lanzan continuamente monedas al aire. Cara significa que la moneda dobla su tamaño y que de pronto hay dos monedas. Cruz significa que la moneda se encoge hasta quedarse en la mitad de su tamaño. Este azar asimétrico siempre favorece la expansión. Suponga ahora que una moneda determinada tiene una racha de cruces. Por mero azar se encoge una vez y otra. Al final será tan pequeña que atravesará el suelo de rejilla. La rejilla representa el instante de la inflación cósmica. En cuanto pasa por la rejilla, la moneda abandona la eternidad. Su energía oscura se convierte en ese instante en energía ordinaria. El «tiempo» empieza con un *Big Bang,* y se pone en marcha la evolución de un universo. Como si las monedas se convirtiesen en copos de nieve que representasen universos, cada uno de ellos único según las fluctuaciones cuánticas que dé la casualidad que ocurrieran cuando el universo pasó por la rejilla. La mayoría tendrá leyes de la física que no permiten que la vida inteligente exista.

Si la teoría de la inflación eterna es correcta, nuestro universo –la región entera creada por nuestro *Big Bang*– es una joya increíblemente rara: una bolsa minúscula pero de larga duración en el corazón de la eternidad donde por azar la inflación exponencial se paró, el tiempo empezó, el espacio se abrió y las leyes de la física permitieron que sucediesen cosas interesantes y se desarrollase la complejidad.

En el antiguo Egipto los dioses crearon el mundo en medio de las Aguas Primigenias, y el mundo era una burbuja rodeada todavía por agua. En la Edad Media las estrellas estaban fijadas en la esfera más externa y fuera de la esfera se hallaba el cielo. El agua no tiene la característica de la expansión, tampoco el cielo, pero la idea de que nuestro universo entero es una burbuja inmersa en un estado de ser extraño y eterno es muy antigua.

▣ En este vídeo mostramos una segunda versión de la inflación eterna. Es una simulación que visualiza la inflación eterna basándose en las ecuaciones que la describen, aunque, por supuesto, no se podría verla de verdad. Pero todos los relatos, en especial los muy imaginativos, se benefician de las representaciones visuales. Nos hemos valido de convenciones visuales básicas para representar en el vídeo la inflación eterna; por ejemplo, que parezca que la luz procede de una fuente en una dirección concreta y que los objetos que se vayan perdiendo en la distancia se oscurezcan. Estas convenciones se usan para que los espectadores entendamos el vídeo y no deben tomarse al pie de la letra.

Dentro del estado de inflación eterna vienen a existir muchos universos. Cada universo se expande a la velocidad, fija, de la luz, pero el espacio entre ellos y otros protouniversos se expande de modo exponencial. En otras palabras, el espacio empieza a expandirse lentamente pero pronto alcanza velocidades inimaginablemente mayores que la de la luz. En consecuencia, la única forma de que dos universos puedan entrar alguna vez en contacto es que, por azar, se formen tan cerca el uno del otro que al expandirse a la velocidad de la luz choquen antes de que el espacio entre ellos haya tenido la oportunidad de expandirse más deprisa.

Cuando se hizo que la simulación se atuviese a las ecuaciones de la teoría, se formaron de vez en cuando burbujas tan cerca entre sí que chocaron antes de que pudiesen alejarse la una de la otra. Si nuestro universo fuese una de esas raras burbujas que chocan con otra, los astrónomos podrían ver los efectos de la colisión mediante un estudio meticuloso de la radiación cósmica de fondo, en especial empleando las observaciones del nuevo satélite Planck. Este es el único medio que se ha sugerido hasta ahora para comprobar empíricamente la teoría de la inflación eterna.

La idea de que la realidad misma podría estar gobernada en última instancia por las leyes del azar perturba a mucha gente, en parte porque presuponen, a veces inconscientemente, que el orden moral es de naturaleza divina, que sin él seríamos animales y que la moralidad no puede derivar de lo que en última instancia no fue sino un accidente. Pero eso es exactamente lo que significa la evolución: sean cuales sean los simples recursos materiales que el tiempo acumule, aunque solo sean partículas y energía, el tiempo los usará y de ellos emergerá la complejidad, posiblemente en forma de vida e incluso de vida moral. «De tan simple comienzo», escribió Darwin, «infinitas formas evolucionaron de la mayor belleza y maravilla, y evolucionan aún».

Suponga que fuese cierto que la inflación eterna precedió a la cósmica. ¿Por qué parar ahí? ¿De dónde viene el estado de inflación eterna? Aunque los científicos pueden concebir teorías al respecto, y de hecho lo hacen, es posible que no podamos saberlo porque sucesos, si puede llamárselos así, de ese tipo quizá se pierdan *por principio* en la incertidumbre cuántica. *El conocimiento depende de que se preserve la información.* La radiación térmica del *Big Bang* ha preservado la información de cómo era el universo en su infancia, solo cuatrocientos mil años tras el *Big Bang*, y gracias a esa información podemos escudriñar en época tan lejana y extrapolar hasta bastante más lejos. Pero más allá del universo creado por el *Big Bang*, el estado de inflación eterna sería un régimen puramente cuántico, donde nada persiste. Por lo tanto, no habría conocimiento. Ni siquiera podemos imaginar cómo podríamos saber algo de un «comienzo» de la incertidumbre cuántica, si es que este es siquiera un concepto con significado. ¿Es aquí entonces el sitio donde cabe atribuirle a Dios la causa primera, en el sentido literal de la expresión? Es una opción. Pero en vez de pasar de puntillas por la eternidad misma para adosarle la idea de Dios «causa de la eternidad», mejor sería que concibiésemos que el principio es tan desconocido como el futuro distante y que nos viésemos a nosotros mismos como unos exploradores que se desplazan desde el centro en ambas direcciones. En cosmología, tanto el pasado distante como el futuro distante están, en un sentido real, por delante de nosotros, el uno a la espera de ser descubierto, el otro a la espera de ser creado.

Un relato trascendente de los orígenes

Los relatos de los orígenes de las culturas de todo el globo se pueden clasificar en tres categorías, según su forma de ver el tiempo.

> 1. El mundo es *cíclico* (no deja de cambiar a corto plazo, pero a largo plazo el ciclo se repite eternamente). Es la versión hindú, por ejemplo.
> 2. El mundo es *lineal* (siempre está cambiando y el tiempo va en una sola dirección). La Biblia fue quizá la primera en adoptar este punto de vista, con un relato de la creación tras el que vienen las crónicas de los héroes históricos que desempeñan en un momento determinado un papel que no se repetirá.
> 3. El mundo es *eternamente inmutable* (aunque fuese creado, los cambios ocurrieron en un pasado distante e irrecuperable).

La nueva cosmología reconcilia estas ideas antiguas sobre el tiempo, tan opuestas, al descubrir que los tres relatos son correctos, solo que se aplican a escalas diferentes. A escalas de tamaño de la Tierra, las que han moldeado nuestras mentes así como nuestras intuiciones, las estaciones son cíclicas, como lo son los nacimientos y muertes de las generaciones de los seres vivos, los movimientos de los planetas y la vuelta de los cometas. A la escala de tamaño del *Big Bang* y la evolución cósmica, el universo cambia en una sola dirección: se expande más y más deprisa, y no conocemos ninguna razón por la que deba contraerse alguna vez. Pero si la teoría de la Inflación Eterna es correcta, en la escala más grande por ahora concebida, el universo es eterno e inmutable. Las posibilidades cuánticas brotan incesantemente de cada punto de ignición y algunas se convierten en universos, pero *como un todo* no cambia nada.

Esta forma de ver el tiempo mediante escalas diferentes pone en entredicho el orden narrativo tradicional. Los relatos de los orígenes se han contado tradicionalmente desde un principio hasta un final o desde el principio hasta el presente. Pero puede que no sea esa la mejor forma de comunicar la naturaleza de un universo pleno de significado. El nuevo relato de los orígenes podría empezar con el presente y luego tanto avanzar como retroceder, tal como las esferas cósmicas del tiempo se mueven hacia fuera a medida que el pasado se nos aleja en todas direcciones y el futuro fluye hacia nosotros a la velocidad de la luz. Desde el centro hacia fuera: así es como los científicos han aprendido realmente acerca del pasado. Primero, el pasado reciente: los planetas y las estrellas locales, luego las galaxias cercanas, tal como eran hace unos millones de años. Después, a medida que los instrumentos fueron mejorando y fuimos pudiendo ver más lejos en el espacio, miramos más atrás en el tiempo y observamos galaxias distantes tal como eran hace miles de millones de años. Nuestro relato no deja de expandirse y de cambiar, sin descanso como la curiosidad humana, lo que ayuda a impedir la calcificación en dogma de las diferentes versiones.

Algunos reaccionan negativamente a la posibilidad misma de una sola historia compartida en todo el mundo, como si no hubiese diferencia entre una dictadura mental y la verdad científica. Pero la diferencia es fundamental. Cuando algunos hombres, sirviendo sus propios intereses, nos dictan lo que debemos creer, hemos de rebelarnos; pero cuando la naturaleza revela una verdad, rebelarse contra ella solo sabotea nuestro futuro. Hoy, una rebelión contra las revelaciones de la propia naturaleza, como si no fuese más que una opinión, podría acabar con la especie humana al ignorar el único relato que puede aportar lo que según Joseph Campbell se necesita más urgentemente: una «mitología de esta tierra unificada como la de un solo y armonioso ser».

Algunos se temen que un solo relato de los orígenes, aunque fuese verdadero, impondría en cierta forma una sola manera de pensar a todos. Pero eso es también un error. Los seres humanos son ilimitadamente diversos, y esa es nuestra gran fuerza. El Uroboros cósmico nos enseña que los sucesos de escalas diferentes están controlados por leyes diferentes y requieren, pues, maneras diferentes de pensar. Lo que esto significa para nosotros, seres humanos, es que podremos preservar una diversidad caleidoscópica en la escala de nuestras formas de vida locales, mientras llegamos a un consenso acerca de lo que sucede en las grandes escalas del planeta y del universo.

A quienes insisten en que el universo tiene solo unos miles de años no les suelen doler prendas para atribuirle un fin cercano. En realidad, no son pocos quienes encuentran en esa forma simétrica de cierre un significado para su vida. Pero es un significado que no tiene nada que ver con la realidad, que pueda servirle a una civilización global o que pueda mantener la paz y el compromiso compartido hacia nuestros descendientes y el planeta. Como la conciencia humana mira hacia afuera desde el centro, según hemos analizado en el capítulo 5, a una conciencia atrofiada de la historia le corresponde una conciencia atrofiada del futuro. El resultado final es una conciencia demasiado pequeña para que se percate, no digamos ya para que valore, la mayor parte de la realidad. Cuanto mayor es el pasado que abarcan nuestras mentes, mayor es el futuro que llegamos a ser capaces de imaginar, de tomar en serio, de proteger. De este modo, la historia de nuestro universo podría ser la clave de nuestro futuro.

El relato de los orígenes de nuestro universo pone también en entredicho premisas muy arraigadas acerca del tipo de relato que puede satisfacer de verdad las ansias espirituales. Si definimos *espiritualidad* como 'experimentar nuestra verdadera conexión con todo lo que existe', el nuevo relato de los orígenes se acerca más que cualquier otro a servirnos para satisfacer esa ansia. No tiene sentido juzgar el relato científico (¡insatisfactorio!, ¡cuesta demasiado entenderlo!, ¡demasiado extraño para que nos importe!) o despreciarlo (solo una teoría, no tiene nada que ver con la creación de Dios). Lo que sí tiene sentido es empeñarse apasionadamente en absorber estos descubrimientos utilizando todas las herramientas culturales disponibles para que nos entren en la cabeza este conocimiento nuevo y lo que somos de verdad los seres humanos. Si hay milagros, este lo es: que precisamente en este momento crítico para nuestra especie, cuando tanto se nos exige, nos encontremos con una oportunidad cósmica. Ha aparecido un relato de los orígenes trascendente, capaz de darnos fuerza, que podría unificar en el mundo a tantos que discreparían en tantas otras cosas. Solo hay que estar de acuerdo en que nuestro lugar en el universo es extraordinario y que la humanidad podría tener un futuro cósmicamente prolongado. Un nivel de acuerdo como este podría cambiar el mundo.

La sociedad cósmica ahora

Construir una sociedad cósmica no es un sueño para el futuro distante, como los viajes galácticos. Es para hoy. De hecho, será mucho *menos* probable que el mundo del futuro logre una sociedad cósmica si no empezamos a desplazarnos en esa dirección ya. A causa de la naturaleza acelerada del actual crecimiento exponencial, cuanto más nos demoremos en enfrentarnos con la maraña de los problemas globales, más vasta será la tragedia. Ahora mismo, lo que la humanidad necesita por encima de todo es una visión compartida transculturalmente sobre el modo de resolver los problemas globales, y una sociedad cósmica es la única candidata seria que conocemos como principio organizativo que haga florecer una visión compartida de ese tipo. Cualquier programa de acción que no se base en el universo tal como ahora lo entendemos está condenado.

La historia muestra que tener una cosmología compartida, aunque sea errónea, puede unificar e inspirar a una cultura, pero el poder mismo de una cosmología significa que cuando es derribada se conmueven las instituciones más fundamentales de la sociedad. Eso es lo que ocurrió hace cuatro siglos con la última revolución cosmológica a la escala de la de hoy, cuando la ciencia de Copérnico, Galileo, Kepler y Newton derribó la cosmología medieval basada en las esferas celestes. El hundimiento de aquella cosmología socavó las rígidas jerarquías sociales y religiosas de la sociedad medieval, justificadas por el orden supuestamente jerárquico de los cielos. Pronto, el derecho divino de los reyes sería puesto en entredicho, y los reyes, primero de Inglaterra, luego de Francia, perdieron no solo sus tronos, sino sus cabezas.

Es indiscutible que un cambio en la cosmología puede tener consecuencias prácticas, pero no se puede predecir cuáles. Por eso importa tanto la manera en que los científicos presenten su relato. Ningún científico debería sostener nunca que la ciencia es la última palabra en una decisión que podría afectar a la sociedad en general. La ciencia es la primera palabra. Es el fundamento. Lo demás ha de construirse sobre ella. Por lo tanto, hay que hacer que los conceptos cruciales de la cosmología, y de las demás ciencias históricas, como la geología y la biología evolucionista, resulten comprensibles para todos.

Nuestra especie se encuentra en el punto crítico de la lucha entre el expolio del planeta y una visión nueva y poderosa. Como ha escrito Martin Rees, el destacado astrofísico y cosmólogo que fue presidente de la Royal Society (la academia nacional de ciencias británica): «Hemos entrado en un siglo único, el primero en los cuarenta y cinco millones de siglos de la historia de la Tierra en el que una especie –la nuestra– podría determinar, para bien o para mal, el futuro del planeta entero».[1] Pero al contrario que la lucha de poder entre la materia oscura y la energía oscura, la lucha entre el expolio y la nueva visión no vendrá determinada solo por las leyes de la física, sino por las creencias de los seres humanos acerca de sí mismos, acerca de los demás y acerca de nuestro potencial colectivo. Por eso necesitamos un relato compartido. El relato científico de los orígenes deslegitima las fuerzas del expolio al darnos una realidad nueva donde nuestro dinámico planeta, rico en vida, es cósmicamente raro, de un valor incalculable. Nos cuenta que hay un inmenso futuro ante nosotros y nuestros descendientes. Pero primero deberemos efectuar con éxito, durante las próximas décadas, una transición que nos lleve de interferir cada vez más intensamente con los sistemas naturales de la Tierra a una relación sostenible con el notable planeta que es nuestra casa.

Quizá ayudaría que fuesen más los que apreciasen lo extraordinaria que es la Tierra desde una perspectiva cósmica. Es común pensar que la Tierra es un planeta mediano de una estrella mediana, pero nada está más lejos de la verdad. Los primeros planetas de fuera de nuestro sistema solar (extrasolares) se descubrieron a mediados de los años noventa, y en el momento en que se escriben estas líneas se han descubierto casi quinientos. Pero ninguno de ellos parece adecuado para la vida. Cuanto más sabemos de nuestro sistema solar en comparación con otros sistemas planetarios, más especial parece la Tierra. Hay seis razones, al menos, por las que la Tierra es un planeta inusualmente adecuado para la vida compleja.[2]

La primera es que muchos de los planetas que los astrónomos han descubierto hasta ahora son «jupíteres calientes», es decir, planetas gigantes de gas, con una gran masa, que orbitan muy cerca de sus estrellas. Lo más probable es que estos planetas se formasen más lejos y cayesen en espiral hacia el interior de su sistema, destruyendo cualquier pequeño planeta semejante a la Tierra que se encontrasen en su camino. Pero nuestro Júpiter, que es con mucho el planeta con mayor masa del sistema solar, sigue estando lejos del Sol.

La segunda es que muchos planetas de masa grande que no son jupíteres calientes tienen en otros sistemas planetarios órbitas muy elípticas: se acercan a sus estrellas y se alejan de nuevo, mientras que nuestro Júpiter traza una órbita casi circular lo suficientemente lejos de la Tierra para no perturbarla, pero lo suficientemente cerca para estabilizar la órbita terrestre. Júpiter también ayuda a proteger la Tierra de las frecuentes colisiones con cometas o asteroides que podrían haber impedido el desarrollo de la vida compleja.

La tercera es que la Tierra es el único planeta del sistema solar que ha estado en la zona habitable de su sol durante toda su existencia, lo bastante cerca para que pueda haber agua líquida en su superficie, pero lo suficientemente lejos para que no se evapore y acabe por perderse. Además, el Sol es una estrella de vida larga cuya luminosidad es muy estable.

La cuarta es que la fina corteza de la Tierra y su abundante agua superficial permiten una actividad geológica continua, que recicla el carbono y otros elementos esenciales para el mantenimiento de la vida.

La quinta es que la Luna, que se creó cuando un protoplaneta del tamaño de Marte chocó por casualidad con la prototierra, estabiliza la rotación y el clima terrestres.

La sexta es que nuestro sistema solar se encuentra en la «zona galáctica habitable», no tan cerca del denso centro galáctico como para que radiaciones peligrosas amenacen la vida, pero tampoco tan lejos que no haya suficiente polvo de estrellas para hacer planetas rocosos.

Puede que en los últimos años se haya descubierto una séptima razón por la que la Tierra es muy inusual. La mayoría de los sistemas estelares tienen mucho más polvo y residuos entre sus planetas; podría significar que cualquier planeta semejante a la Tierra que girase alrededor de esas estrellas estaría sujeto a un bombardeo por cometas mucho más intenso que el de la Tierra, con lo que los episodios de extinción serían frecuentes e impedirían la evolución de una vida avanzada. ¿Por qué nuestro sistema solar está tan limpio? Los astrónomos que trabajan en el observatorio de Niza, en el Mediterráneo francés, han dado hace poco con una respuesta. Su «modelo de Niza» empieza con los tres planetas más exteriores –Saturno, Urano y Neptuno– situados mucho más cerca los unos de los otros que ahora, y mucho más cercanos a Júpiter, con Neptuno más cerca del Sol que Urano (al revés que ahora) y con un gigantesco cinturón de residuos, formado por objetos similares a cometas, más allá de Urano. Es completamente verosímil que se formasen así. Las simulaciones por ordenador del modelo de Niza muestran que las interacciones gravitatorias entre los planetas habrían impedido en tal caso que Júpiter cayese hacia dentro, y pasados unos ochocientos millones de años habrían empujado a Neptuno más allá de la órbita de Urano y dentro del cinturón de residuos. Al ocurrir esto, algunos de esos objetos residuales serían impelidos hacia dentro, hacia los planetas interiores, pero la mayoría saldrían expelidos muy lejos del Sol, convirtiéndose así en la nube de Oort de cometas muy lejanos. Pero en el sistema solar interior entraría una parte de aquellos residuos que bastaría para explicar lo que los astrónomos llaman el «bombardeo pesado tardío», que empezó unos seiscientos millones después de la formación del sistema solar, acabó unos doscientos millones de años más tarde y creó un gran número de cráteres de impacto en la Luna y probablemente muchos también en Mercurio, Venus, la Tierra y Marte. La vida solo pudo desarrollarse en la Tierra después de que el bombardeo acabase.

Los telescopios de infrarrojos situados en el espacio nos han dado hace poco importantes informaciones adicionales al respecto, al detectar discos de residuos alrededor de estrellas cercanas. (La NASA lanzó el Telescopio Espacial Spitzer en 2003 y la Agencia Espacial

Europea el Telescopio Espacial Herschel en 2009.) A los astrónomos les sorprendió que nuestro sistema solar tuviese mucho menos polvo y muchos menos cometas que los sistemas planetarios de la mayoría de las estrellas parecidas al Sol. La manera que tiene de explicarlo el modelo de Niza es fascinante: la gravedad expulsó una parte muy grande del material del cinturón de residuos original a grandes distancias, o fuera por completo del sistema solar, a causa de la migración de Urano y, sobre todo, de Neptuno. En la actualidad se está obteniendo mucha información sobre los planetas situados alrededor de otras estrellas, así que cabe esperar que pronto sabremos mucho más y es posible que descubramos aún más razones por las que la Tierra es especial. Cuanto mejor lo entendamos, más claro resultará que saquear esta joya planetaria es un crimen cósmico.

Otro obstáculo lo constituye otra idea común que también es incorrecta y autodestructiva: que no podremos proteger la Tierra a menos que detengamos nuestro crecimiento por completo, con lo que nuestras economías se vendrían abajo. Se pensaba en otro tiempo que era una ley económica que el consumo de energía aumentase con la producción económica. Pero tras el «*shock* del petróleo» de 1974 muchos países rompieron ese vínculo. Las emisiones de carbono per cápita mundiales alcanzaron su máximo en 1974 y desde entonces han permanecido bastante estables; en los países en desarrollo han subido, mientras que en varios países europeos, como Francia y Alemania, y en varios estados de Estados Unidos, entre ellos California, han disminuido en un tercio, o aún más.[3] A pesar de ello, en esos lugares donde las emisiones de carbono per cápita disminuyeron subió el nivel de vida .

En los países en desarrollo resultará muy difícil romper el vínculo entre el volumen de producción económica y el deterioro medioambiental, con lo que miles de millones de personas se podrían beneficiar de un desarrollo económico continuado. Ninguna sociedad perdurable puede basarse en el enfrentamiento de la protección medioambiental y la justicia social. La solución requiere que se aprenda a producir y consumir la energía con más inteligencia, y esto exige un compromiso global.

La gente puede mejorar su suerte constantemente de muchas formas sin tener que consumir más recursos o causar daños al medio ambiente: ello no supone contradicción alguna con ninguna ley de la economía o de la física; requerirá solo que se hagan cambios sutiles tanto en la forma de vida como en la tecnología. Por ejemplo, como quienes viven en las ciudades usan menos recursos per cápita, es bueno que el mundo se esté urbanizando cada vez más. La mejora constante de las comunicaciones electrónicas puede ir sustituyendo más y más los viajes físicos, y van abundando quienes prefieren trabajar en casa o emplean las teleconferencias en vez de viajar para reunirse. Los costes de capital de la energía solar están disminuyendo muy deprisa. Nuevas redes eléctricas inteligentes pueden transmitir la electricidad con seguridad y a bajo precio. Pero estas cosas no ocurrirán con la rapidez suficiente a no ser que el entorno económico cambie de manera que se deje de subvencionar los combustibles fósiles y otras tecnologías dañinas y se ponga un mayor esfuerzo en estudiar alternativas sostenibles. La primera revolución industrial consistió en reemplazar trabajo humano con máquinas, cuyo combustible era a menudo fósil. Pero el continuo crecimiento del consumo de los combustibles fósiles y de otros recursos conducirá a un mundo cada vez más inhóspito, política y físicamente. La próxima revolución tiene que procurar un crecimiento que no perjudique el medioambiente.

Para que algo así pueda suceder en una democracia, seguramente resulte esencial que una parte mayor de la gente acepte las ideas que proporciona la ciencia. H. G. Wells escribió lo siguiente en 1919: «La historia de la humanidad se está volviendo cada vez más una carrera entre la educación y la catástrofe». No está claro que la educación vaya ganando. Por desgracia, la población de Estados Unidos, de la que han salido tantos grandes científicos, está de las últimas en una lista de países en lo que se refiere a aceptar la evolución biológica.[4] Aunque la evolución es la teoría central unificadora de la biología, respaldada por abrumadoras pruebas fósiles y genéticas, y aunque la enseñanza del creacionismo está prohibida judicialmente en los colegios públicos de Estados Unidos desde hace un cuarto de siglo, menos de la mitad de los estadounidenses que responden a las encuestas de opinión están de acuerdo con que los seres humanos y demás seres vivos evolucionan con el tiempo. Muchos de los que no aceptan la evolución suponen que es incompatible con la religión, pese a que representantes de muchas confesiones religiosas han afirmado que la evolución biológica es compatible con sus creencias.

De manera similar, pese a los autorizados estudios e informes de las fuentes científicas más respetables, muchos estadounidenses siguen sin estar convencidos de que el calentamiento global causado por los seres humanos es real. Probablemente, la razón de ello sea tanto el temor de que hacer algo al respecto pondría en peligro su bienestar económico como la sensación, ubicua pero no expresada, de que somos unas motitas de nada, así que no es posible que podamos influir de la manera necesaria en el planeta entero. Pero no cabe duda alguna de que en buena medida se debe también a que la prensa haya permitido que enturbien las aguas grupos de presión que actúan en interés propio. Es notable que unos pocos científicos se hayan valido del prestigio que adquirieron en otras disciplinas para oscurecer la verdad una y otra vez, usando casi, casi la misma estrategia en cuestiones muy diversas, sea la lluvia ácida, el efecto del humo del tabaco o el agujero de ozono, como contra el calentamiento global.[5]

No es una educación detallada lo que se necesita, sino que cambie la visión cosmológica básica de la gente; que cambie por completo su idea de cómo surgió el universo y de cómo funciona. A escala planetaria, ese seguramente sea el prerrequisito para que la gente coopere en lograr unos cambios que harán que seamos más sanos, que estemos más seguros y, a largo plazo, que seamos más prósperos de lo que, si no, seríamos.

Personas diferentes comprenderán los aspectos científicos del nuevo relato del universo con diferentes niveles de detalle técnico, pero su esencia es tan simple que hasta un niño puede entenderla: somos polvo cósmico que ha evolucionado a lo largo de miles de millones de años hasta adquirir una sobrecogedora complejidad en un universo en expansión moldeado por una materia y una energía llamadas oscuras, invisibles ambas. Nuestro planeta es muy especial, y quizá único en el cosmos. Nuestros antepasados no son solo nuestros abuelos y bisabuelos, no solo nuestro grupo étnico, no solo la especie humana, no solo la vida o siquiera el planeta Tierra, sino las estrellas, las galaxias, la materia oscura y todas las fuerzas de la naturaleza, vivas o no, en una cadena ininterrumpida que llega hasta el *Big Bang*.

Si al saber quiénes somos de verdad, nosotros, terrestres de principios del siglo XXI, nos ponemos a desarrollar una sociedad cósmica con el propósito de conseguir una civilización global perdurable, es probable que algunos de nuestros descendientes remotos salgan a la galaxia y lleguen a propagar la vida y la inteligencia por ella. Como nuestra galaxia (que al final se convertirá en la Andrómeda Láctea) será el futuro universo visible, nuestros descendientes se podrían convertir en la fuente de inteligencia de todo el universo visible futuro. Aunque existiesen ya extraterrestres que contribuyeran a la inteligencia de la galaxia, nosotros y ellos seríamos el principio de los irrepetibles tipos de inteligencia respectivos, conformados por trayectorias evolutivas únicas en planetas únicos. El cosmos sería más rico al tenernos a los unos y a los otros, aunque quizá nunca llegásemos a saber los unos de los otros. Estaríamos todos juntos en el ojo resplandeciente en lo más alto de la pirámide de la densidad cósmica. Siguen formándose estrellas en la Vía Láctea; algunas brillarán durante miles de millones de años. No hay razón alguna para que la vida basada en el polvo de estrellas no dure otro tanto y evolucione hasta niveles que no podemos imaginar mejor que un sapo leer este libro.

El futuro de la inteligencia en el universo visible podría depender, pues, de nosotros, y nuestra supervivencia podría depender de quienes vivimos ahora. Hemos de admitir que el curso ordinario de las cosas está siendo desastroso; hemos de invertir en la investigación científica, incluyendo las ciencias sociales, para hallar todos los opciones posibles; hemos de coincidir en gran medida en lo que puede hacerse, negociar de buena fe qué hará cada cual y aferrarnos al plan general a las duras y a las maduras, pese a las inevitables crisis a corto plazo. Mantener vivo ese objetivo mundial debe llegar a ser un artículo de fe y una cuestión de honor tan serio, sagrado realmente, como apuntalar el mundo lo era para los antiguos egipcios. La Tierra está negociando con nosotros ahora mismo y espera, no con mucha paciencia, una respuesta de buena fe. Si los seres humanos no se la damos, el universo tiene un sinfín de tiempo y de espacio para intentar que se desarrolle de nuevo la inteligencia, pero de la humanidad se deshará como si no hubiésemos existido nunca.

Una sociedad cósmica podría ser el arca que llevase a toda la humanidad, a los seres humanos de cualquier color y condición, de un futuro sombrío en un planeta decadente a una perspectiva cósmica y a las costas más seguras de una civilización estable, una civilización a largo plazo. No haría falta al principio una mayoría, ni de lejos. Como se supone que dijo Margaret Mead: «No se dude nunca de que un pequeño grupo de personas reflexivas y entregadas puede cambiar el mundo. En realidad, ninguna otra cosa lo ha cambiado jamás». Un pequeño grupo puede empezar a construir el arca, pero hay que dar en ella la bienvenida a todos. Quizá sea lo que se necesita para garantizar el futuro, no solo de la humanidad, sino de la inteligencia en el universo visible. ¡Qué suerte que la cosmología de un universo con significado, que podría posibilitar una civilización que a largo plazo explorase la galaxia, sea la misma cosmología que necesitamos ahora en el nivel más a ras de suelo!

Hay quienes se oponen a los viajes espaciales y ni siquiera querrían que la humanidad fuese el molde de la inteligencia en otros mundos; temen que si nuestros descendientes humanos, o más probablemente humanoides, llegasen a tener tal oportunidad, se saldrían de madre y acabarían con otros planetas como los conquistadores europeos arrasaron tantas culturas indígenas que habían colonizado. Pero este es un miedo equivocado. No hay que preocuparse de eso. No podría ser pionera del espacio una gente miope y egocéntrica, como lo hemos sido nosotros y en muchos casos aún lo somos. Explorar la galaxia e irse internando gradualmente en ella es un proyecto en el que solo podría tener éxito una civilización perdurable, con una cosmología compartida y unificadora que reflejase fehacientemente el universo. La civilización debería tener la suficiente estabilidad para recibir de vuelta a los viajeros espaciales, o a sus descendientes, pasadas generaciones enteras. Para poder hacer algo así, la civilización tendría que ser una sociedad cósmica, que entendiese que ocupamos un lugar central en el universo y cuál es el valor de la inteligencia en la evolución del todo. Esta forma de ver es incompatible por completo con la mezquindad, con la avaricia y con ignorar voluntariamente al Otro, rasgos fundamentales de la mentalidad saqueadora. La buena noticia, pues, es que seguramente el único tipo de criaturas que podrían tener éxito como pioneras en la galaxia sería el único tipo que debería tenerlo.

Quizá por eso no haya extraterrestres aquí. Quizá tengan la tecnología pero no la mitología. Quizá una inteligencia del tipo que desarrolla las matemáticas y la alta tecnología es hasta cierto punto común en el universo, pero es sumamente rara la inteligencia creativa, con una inclinación profundamente artística y filosófica: que busca la armonía más que el propio ensalzamiento; que concibe su lugar en el cosmos con tanta exactitud y fidelidad como le es posible; que construye imágenes míticas que arrebatan con la imaginación a sus miembros y gracias a las cuales experimentan su cosmos por medio de metáforas audaces. Este tipo de inteligencia humana es la que creó las mitologías que cohesionan a las religiones y a las naciones. Pero no hay todavía una mitología que cohesione a toda la especie pese a las diferencias religiosas y nacionales.

Un universo común puede proporcionar un fundamento común. Los seres humanos somos tan diversos que la manera de abordar los problemas globales no es imponer soluciones globales, sino *cultivar el fundamento común de una visión a gran escala basada en principios* y alentar soluciones a pequeña escala, descentralizadas, apropiadas para las diferentes situaciones, creadas por las personas de todo tipo a las que inspiren esa visión y sus objetivos. René Dubos, el microbiólogo y ecólogo francoestadounidense que acuñó la frase «piensa globalmente, actúa localmente», señaló que a medida que se globalizan más experiencias y actividades públicas, la tendencia opuesta, a identificarse con un entorno inmediato o una comunidad predilectas –lo que llamamos «patriotismo local»–, se intensificará, puesto que la gente busca la sensación acogedora que producen las pequeñas comunidades. Así exactamente es como debe ser. Podemos aprender a pensar en múltiples escalas, y decidir cuál es la apropiada para cada caso.

Ampliar la identidad del hombre

Cada uno de nosotros es un Uroboros entero, con papeles que debe desempeñar en múltiples escalas (fig. 30). Cada uno de nosotros tiene una conciencia individual de sí mismo, representada por la punta de la cola. A escalas cada vez mayores, nos identificamos como partes de una familia, de una tribu o de una comunidad o de ambas, de una religión, de una nación o de ambas. Pero nuestras identidades más hondas son mucho más amplias y mucho más viejas que cualquier religión o nación inventada culturalmente: somos seres humanos, somos cosas que viven, somos terrestres y somos, como poco, parte de la conciencia de sí mismo del universo. El momento en que sea suficiente el número de quienes lo reconocemos –y hemos llegado a estar dispuestos a aceptar sus consecuencias lógicas– será el mo-

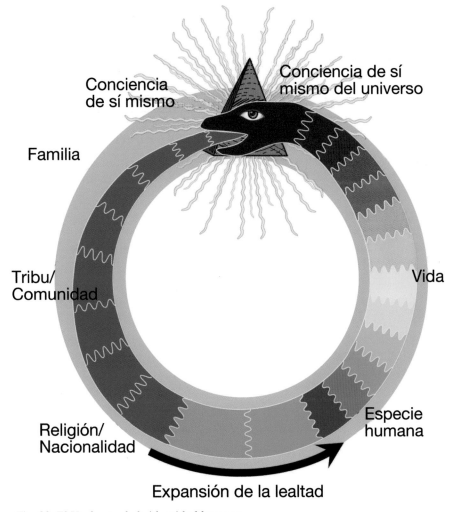

Fig. 30. El Uroboros de la identidad humana

to en que nos convirtamos en una sociedad cósmica. Es nuestra generación la que necesita pegar colectivamente el salto desde la religión o la nacionalidad como niveles más profundos de identidad hasta el nivel de la especie, y vernos así, por encima de todo, como humanos. Todos los seres humanos están estrechamente relacionados (más estrechamente, de hecho, que los miembros de cualquier otra especie entre sí). Es la especie humana la que merece nuestra lealtad más profunda, y todo lo que amenace la supervivencia o la salud de nuestra especie nos amenaza a cada uno de nosotros.

No es una transformación fácil. De entrada parece chocar con nuestros instintos tribales, incluso con nuestra tendencia a la ironía y al cinismo. Encierra un cambio de gran magnitud en nuestra manera de pensar. Sin embargo, es fácil porque no requiere ni capital ni mano de obra. Todos vivimos un conflicto interior: queremos lo fácil, pero anhelamos también lo grande e importante, lo que cambia la vida, y eso puede no ser fácil. Pero una vez la gente haya asumido de verdad nuestra identidad como especie y haya visto la luz que arroja sobre el mundo y la sensación potenciadora que da, más fácil será expandir su sentido de la identidad hasta abarcar la vida, la Tierra y el cosmos. Estas identidades recién descubiertas coexisten entre sí, esperando que las descubramos y nos reconozcamos en ellas.

Dos albañiles trabajaban codo con codo en la Francia medieval. Cuando a uno se le preguntó en qué consistía su trabajo, respondió sombríamente: «Pongo ladrillos, uno sobre otro, una y otra vez». Cuando se le preguntó al otro, respondió con orgullo: «Construyo una catedral dedicada a la madre de Dios». Los dos albañiles tenían razón, pero no por ello son sus respuestas equivalentes, ya que las consecuencias para sus vidas eran más que diferentes. ¡Son tantos hoy los que piensan que solo estamos poniendo ladrillos y que es un absurdo grandioso que se les dé un significado a los ladrillos! ¡Nos intimidan tanto a todos las formas de gratificación de nuestros trabajos y de nuestra sociedad, cuyo tiempo de atención es tan corto! Pero en este momento crítico en la evolución de nuestra especie, ¡tenemos que abrir de par en par la imaginación! Nuestra imaginación no tiene límites, pero no la estamos usando sino en una parte pequeña. También nosotros estamos construyendo una catedral.

Por el accidente de haber nacido en este momento crítico se nos está pidiendo algo de importancia mítica.[6] Para entender qué significa esto para nuestras vidas del siglo XXI, las técnicas que todas las culturas anteriores emplearon para compartir y desarrollar sus cosmologías serán esenciales: el lenguaje, las imágenes, los relatos, los rituales, las experiencias místicas y otras expresiones artísticas serán de la mayor importancia para que la nueva cosmología resulte comprensible más allá de un estrecho círculo de expertos y tenga un significado para todos. Así que tales técnicas deben florecer en una sociedad cósmica. Pero como las explicaciones de los albañiles, no todos los intentos de explicar verídicamente el nuevo universo son equivalentes.

«Los románticos están hechos de polvo de estrellas», dice un chiste de astrónomos, «y los cínicos, de los desechos nucleares de estrellas muertas». Sí, ambas imágenes son aceptables científicamente, pero ¿por qué iba nadie a luchar por salvar a la humanidad si nos ve solo como un desecho nuclear? Si usted fuese un niño, ¿qué preferiría, que le enseñasen que es polvo de estrellas o que es desecho nuclear?

La elección de las metáforas para describir el nuevo universo tiene que ser estratégica. Cualquier metáfora particular causará cierto tipo de efecto en la gente –en sus corazones y en sus mentes–, y ese efecto es un hecho tan científico como lo que la metáfora intenta comunicar. Todas las metáforas científicas son una espada de doble filo: es muy importante asegurarnos de que, como pasa con la metáfora del desecho nuclear, no nos cortamos con un filo mientras admiramos el otro.

Por ejemplo, algunos cosmólogos profesionales han adoptado la postura de que los nuevos descubrimientos astronómicos son una mala noticia. Su razonamiento parte de la posibilidad que hemos explicado antes: que en unas decenas de miles de millones de años la energía oscura haya inflado el espacio entre nuestra galaxia y las galaxias lejanas a una velocidad tan superior a la de la luz, que la luz de esas galaxias desaparezca de la parte visible del universo. Llegan a la conclusión de que, puesto que la Andrómeda Láctea se quedará sola, ese es «el peor de todos los universos posibles». Es una frase con gancho, queda bien en una cultura cínica, pero es una interpretación de nuestros nuevos conocimientos científicos que conduce a sabotearse a uno mismo: hasta los cínicos (bajo sus sucesivas capas de armadura) quieren vivir y florecer.

La verdad es que el futuro distante, como la mayor parte del pasado distante, es desconocido. Si dejamos que nuestras emociones y actitudes hacia la vida se enfríen por cábalas sobre tiempos tan absurdamente lejanos, nos convertiremos en nuestros propios enemigos. En la naturaleza de un universo que evoluciona está que se produzcan cambios permanentes, entre ellos que las galaxias desaparezcan más allá del horizonte cósmico; no se trata de algo que haya que lamentar, y sin duda no con miles de millones de años de anticipación. En vez de sentirnos apenados por nuestros muy lejanos descendientes y juzgar negativamente nuestro universo por cómo será para ellos, podríamos también apreciar la centralidad cósmica de nuestro lugar y el inmenso poder de influir en el futuro distante que el universo nos ha entregado. Nos es mucho más provechoso poner nuestra atención en el centro, en nuestro tiempo, e irla extendiendo hacia afuera, hasta tan lejos como el conocimiento lo permita. En vez de concluir que este es el peor de todos los universos posibles, démonos cuenta de que si protegemos la Tierra, si le prestamos nuestros cuidados y no destruimos las oportunidades de nuestros descendientes de expandirse más allá de ella, los seres humanos –con todos nuestros defectos y sueños– podríamos ser el inicio del futuro entero de la inteligencia en lo que será el universo visible. Y nuestros descendientes tendrán al menos cientos de millones de años para disfrutar de una Tierra hospitalaria: al menos un tiempo mil veces más largo que el que nuestra especie lleva existiendo.

No cabe despreciar frases como «el peor de todos los universos posibles» o «desechos nucleares de estrellas muertas» como meras metáforas que, por ello, no deben tomarse en serio, ya que con respecto al universo como un todo lo único que hay son metáforas.[7] El lenguaje se inventó para describir las cosas y las experiencias terrestres; cuando se aplica al universo como un todo, siempre es metafórico. La cosmología científica, tomada al pie de la letra, conduce por completo a error. No hubo un sonoro *bang* en el *Big Bang*, y no fue *big*, no fue grande (no había tamaño con que compararlo). *Las metáforas son nuestra única ventana hacia la realidad invisible.* Los hay que, al no entender esto, en un intento desencaminado de defender la ciencia de la imprecisión, sostienen que las descripciones metafóricas no son científicas. Pero según neurociencia, la metáfora es inevitable en el entendimiento humano. Es fundamental para nuestra forma de pensar, de crear e incluso de descubrir. Por lo tanto, la naturaleza metafórica de la ciencia no es un secretillo inconfesable, sino una oportunidad para la creatividad, no solo en la elaboración de teorías científicas, sino en los procesos mentales de nuestra cultura. Debemos averiguar cómo se llega a captar estos conceptos cosmológicos o nunca nos servirán. Pero no hay que reinventar la rueda: el uso creativo de imágenes, metáforas y relatos para que las personas sientan que pertenecen a su universo ha venido siendo una herramienta esencial de las culturas humanas desde hace miles de años, y seguirá siéndolo. Solo ha cambiado nuestro conocimiento del universo.

La educación en una sociedad cósmica

La infancia es la edad en que se suele adquirir la concepción del universo que llevaremos inscrita en nuestra intuición durante toda la vida. ¡Qué maravilloso sería enseñar a los niños el relato auténtico tan pronto como fuese posible, fuese cual fuese su nivel de comprensión! (fig. 31). Los niños de hoy podrían ser la primera generación educada en el universo en que realmente viven. Demasiada gente cuenta historias a los niños: hace poco, en la página de dibujos de los periódicos se veía a un niño al que se le contaba que al acabar el día Dios mete al Sol en la cama y le tapa con la sábana de la noche. Es como en el antiguo Egipto, donde se creía que la diosa Nut (los cielos) se tragaba el Sol todos los anocheceres, que el Sol se quedaba oscuro mientras viajaba por el cuerpo de la diosa y que brillaba de nuevo cuando ella lo paría por la mañana. Otro ejemplo de tontería contraproducente es el lema, se supone que inspirador, de las tarjetas de felicitación que se suelen mandar a los que se gradúan: «Busca la Luna. Aunque falles, aterrizarás entre las estrellas». La idea de que las estrellas no están mucho más allá de la Luna parece de la Edad Media, cuando se creía que estaban fijadas a una esfera que rotaba alrededor de la Tierra cada veinticuatro horas. ¡Aquí mismo estamos ya entre las estrellas! Impartir una descripción tonta del cosmos quizá parezca inofensivo, como fingir que hay un Santa Claus, pero no lo es. No hay niño que no acabe por descubrir la verdad acerca de Santa Claus, pues tiene consecuencias prácticas. Pero con el cosmos, muchos nunca tendrán que encarar el momento de la verdad.

También es perjudicial enseñar a los niños eso de que «el universo es tan grande, y nosotros, tan pequeños». Suena más científico, pero no es verdad. Estamos en el centro de todos los tamaños posibles: hay cosas tan pequeñas comparadas con nosotros como nosotros en comparación con el universo visible. Para que comprendan el sitio central que nos corresponde en el Uroboros cósmico, a los niños les basta con comprender las potencias de diez. Sorprende lo fácil que es enseñar esta noción de las potencias de diez a los niños de primaria.

Fig. 31. El niño y el cosmos

Las potencias de diez les apasionan. Se las hemos enseñado a niños de segundo y de tercero de primaria y hemos visto lo deprisa que pillan este método abreviado de escribir números, que les abre de par en par la conciencia a tamaños que dejan con la boca abierta y que nunca habrían podido ni imaginar por falta de las herramientas adecuadas.

El caos climático, la extinción de especies y otros problemas acuciantes pueden aterrorizar a los niños, pues perciben –y con razón– que el lío se les va a dejar a ellos. Es tarea nuestra darles a la vez la verdad y una esperanza basada en una sensación realista de poder, de que pueden hacer algo, de valía; las alternativas a la fuerza que da el conocimiento del cosmos son, demasiado a menudo, el egoísmo, el cinismo o la desesperación. Es también tarea nuestra enseñarles hasta dónde hay que creer y cuándo hay que mantener el escepticismo, y ello requiere que se les enseñe el papel crucial que desempeña la observación. La educación en una sociedad cósmica enseñaría a los niños a *funcionar intuitivamente en el universo real*: a creer en el universo real, no solo a memorizar hechos relativos al universo y a pegarlos como notas adhesivas en la superficie del cerebro mientras la intuición campa a sus anchas sin que se la contradiga ni se la cambie. Una educación cósmica sería una fuente de confianza y sabiduría y un punto de vista unificador entre los jóvenes que tendrán que encarar el caos que están heredando. Es tarea nuestra enseñarles, también, que la Tierra misma no es un desastre, sino una joya del universo, rica en vida y potencial, única quizá en los cielos. Puede que seamos el sitio en que reside la conciencia del universo. Con que no dejemos de percibir que es así –con que nuestro pensamiento esté a la altura de ese listón–, los seres humanos podríamos resolver nuestros peores problemas.

Para empezar a enseñar la verdad a los niños empecemos a reconocer nosotros mismos cuán trascendentales pueden ser las consecuencias de las decisiones de hoy. Nosotros formamos parte del tiempo cosmológico, lo crea la gente o no. Decisiones políticas a las que hoy nadie presta mucha atención pueden, calladamente, suprimir en cada escala mundos enteros que podrían haber sido: desde privar a un niño de su educación hasta acabar con la inteligencia en la galaxia. El «tiempo cosmológico» puede parecer al principio difícil de imaginar o ridículamente abstracto, pero es tan real como lo que más, y necesitamos una imaginación sin miedo para descubrir cómo presentárnoslo los unos a los otros: vivo y preciso, con metáforas que expandan la conciencia y cautiven a los jóvenes, para que así nuestra cultura empiece a pensar en el tiempo cosmológico y experimente su influjo.

Muchos, mientras la sociedad que los rodea se lo permita, seguirán en la negación. La postura por defecto es presuponer que un cambio tan grande como este del que estamos hablando no es realista, pero lo cierto es que nadie puede decir si es realista o no a menos que sepa en qué universo vive. Esta es una época para el heroísmo, para quienes quieran empezar a *creer en las pruebas observables* de que estamos en el centro de un nuevo universo y en un momento crítico de la humanidad, para quienes quieran creer que debemos actuar en consecuencia. Los realistas no son los que argumentan contra el cambio: los realistas son los que están contribuyendo a que el universo real sea creíble.

Ahora es posible sentirse parte del nuevo relato y querer vivir plena y responsablemente en el tiempo cosmológico, pero no es posible que nadie lo haga solo. La realidad es siempre un consenso social. Es una percepción comunal. A una persona que confíe en una realidad que nadie más ve se la toma por loca. Y, por lo tanto, para lograr que haya una sociedad cósmica muy extendida se necesita que haya un grupo fundador –pequeño al principio– de seres humanos, de cualquier parte de este planeta, que tengan la voluntad de poner en marcha esta obra creativa, crucial. Se podría dar a sí mismo el nombre de Sociedad cósmica. Su empeño sería el de abrir las mentes de la gente, con el propósito de anclar en el universo más verdadero de nuestro tiempo el consenso social que viene.

Al principio parece un universo extraño, pero es nuestro verdadero hogar. Es inevitable: la gente se acostumbrará a este universo; pero tengamos la esperanza de que sea lo suficientemente pronto para cosechar sus beneficios mientras se está todavía a tiempo de corregir los errores que cometimos en nuestra previa ignorancia. Una sociedad cósmica fundamentada en un Universo con Significado podría convertirse para nuestro mundo en un manantial de energía de unión y de creatividad artística, tal y como las antiguas cosmologías sirvieron a nuestros antepasados.

¿Podría la idea de una sociedad cósmica terminar convirtiéndose en una religión? No. Es demasiado librepensadora. Se parece más a una ética. Exige fe no pese a los hechos, como algunas religiones fomentan, sino fe *en* los hechos y en las posibilidades que los hechos señalan para nuestra especie. Hace que sea posible la experiencia compartida de pertenecer al cosmos que las pruebas realmente nos dicen que existe. Sobre todo, nos da una forma de elevar nuestro pensamiento a lo que estos tiempos demandan. No nos explica «el significado de la vida». Nos dice que el significado de la vida depende enormemente de la *escala* en que lo consideremos. Todo el mundo tiene una opinión sobre el significado de la vida para un individuo en la Tierra, pero ¿cuál es el significado de la vida para la Tierra? La Tierra, al fin y al cabo, ¡ha tenido que vérselas con toda ella! Los seres humanos tenemos que pensar en el significado que tiene la vida *para* la Tierra: que sepamos, somos los únicos que pueden hacerlo. Somos la parte pensante de la Tierra. Para hacerlo tenemos –de momento— que pensar en la escala de la Tierra. Y mientras no descubramos extraterrestres capaces de compartir la mente del universo, pensar en la escala cósmica será también tarea nuestra.

Como inteligencia, o parte de la inteligencia, del universo, tenemos una responsabilidad mayor que nuestra responsabilidad con la Tierra. Si algo es sagrado, tiene que serlo nuestra responsabilidad con el universo mismo. No quiere decir que tengamos que viajar por la galaxia luchando contra fuerzas malignas, como nos enseñan tantas series de ciencia ficción en la televisión. Nuestra responsabilidad con el universo está justo aquí: consiste en proteger a la humanidad, porque la humanidad es la guardiana de algo extraordinario que ha pasado en la evolución cósmica: un cerebro que puede concebir el universo. Nuestra existencia es importante para el universo; la Tierra nos tiene que aguantar, pero si le damos tiempo a nuestra especie, verdaderamente podríamos cambiar el universo.

Cuando empujamos la imaginación por estos caminos y salimos conscientemente de nuestros puntos de vista individuales para adoptar el papel más amplio que nos corresponde como conciencia de la Tierra y del cosmos, ponemos nuestro mundo mental en armonía con el universo y aprendemos a abarcar múltiples escalas, reeducamos nuestra intuición y contribuimos a que se cree una sociedad cósmica.

He aquí un fragmento hipotético de un relato de un futuro lejano sobre los orígenes:

«En la galaxia todos proceden de un pequeño planeta llamado Tierra. El genio cooperativo de un pequeño grupo de antiguos terrestres hizo que se rebelasen contra la marcha infernal hacia la muerte en que la mayoría participaba: consumir el planeta sin plan alguno para el futuro. Los rebeldes, gracias a la adquisición a principios del siglo XXI de la capacidad de ver el pasado cósmicamente distante y de efectuar entonces una extrapolación hasta un futuro remoto, captaron el significado de su propia evolución en la primera perspectiva científica cósmica de que se hubiera dispuesto hasta entonces. Los rebeldes vieron las consecuencias de lo que unos pocos científicos estaban ya dando a entender, pero no habían apreciado todavía por completo: que los seres inteligentes del planeta Tierra eran cósmicamente centrales, ya que vivían en un momento crítico del tiempo, y tendrían, con que supieran protegerlo, un destino potencial tan vasto como su pasado cósmico. Este despertar condujo a la gran conversión, que les hizo pasar de las identidades fragmentadas y a corto plazo a la primera identidad seria, a largo plazo, como especie. Aquellos primeros rebeldes cambiaron el curso de la historia que derivó hacia la comunidad galáctica de nuestros tiempos».

Hagamos que este relato sea posible.

Preguntas más frecuentes

1. ¿Hasta qué punto es fiable la cosmología? Menos que la física, ¿no?

La cosmología moderna es una ciencia histórica, como la geología y la biología evolucionista. Las ciencias históricas intentan entender no solo cómo funciona el universo, la Tierra y los sistemas vivos, sino también la trayectoria histórica que condujo hasta el presente. Algunos pensadores posmodernos y muchas personas que prefieren las explicaciones tradicionales de nuestros orígenes sostienen que, habida cuenta de que el pasado real fue único e irrepetible, las ciencias históricas ofrecen un grado de conocimiento inferior al de las ciencias experimentales, como la física y la química, que descubren principios intemporales y en las que se pueden explorar los efectos de condiciones cambiantes por medio de experimentos. Pero aquí hay un grave malentendido. Tanto en las ciencias experimentales como en las históricas, para tener éxito una teoría debe explicar los hechos conocidos y, además, predecir hechos nuevos que están por descubrir. La única diferencia de verdad es que las predicciones de las ciencias históricas no se refieren a lo que pasará, sino a lo que se irá descubriendo acerca de lo que ya ha pasado. Los conocimientos generados por las ciencias históricas pueden ser tan fiables como los que generan los laboratorios.

La cosmología moderna es, por completo, un producto del siglo pasado. Se basa en la teoría de la relatividad general –nuestra teoría moderna del espacio, del tiempo y de la gravedad–, que sigue siendo confirmada por todas las pruebas experimentales realizadas.[1] Alexander Friedmann y George Lemaître se valieron de la relatividad general para predecir que el universo se expande, lo cual fue confirmado por el descubrimiento que efectuó Edwin Hubble de que las galaxias distantes se alejan de nosotros a velocidades proporcionales a su distancia. George Gamow y sus colaboradores predijeron la temperatura del calor del *Big Bang* (la radiación cósmica de fondo, descubierta más tarde por Arno Penzias y Robert Wilson). La teoría de la materia oscura fría predice el tamaño de las fluctuaciones en la temperatura de la radiación cósmica de fondo en diferentes direcciones, y lo confirmó en 1992 un satélite de la NASA, el Explorador del Fondo Cósmico (COBE). A finales de los años noventa, varios grandes programas de observación midieron por primera vez de manera precisa el ritmo de la expansión y otras características fundamentales del universo. Desde entonces, muchas otras observaciones han confirmado desde perspectivas diferentes los fundamentos básicos de la cosmología. Ahora tenemos por fin un cuadro fiable de la evolución y de la estructura del universo. Sin embargo, hay todavía muchas cosas básicas que desconocemos, como la naturaleza de la materia oscura y de la energía oscura, o la razón de que el universo tenga las cantidades que se observan de éstas. La ciencia es con frecuencia incompleta, algo que mis alumnos suelen apreciar, ya que significa que va a quedar mucho para que ellos descubran. Pero eso no significa que no sea fiable allá hasta donde ha llegado. La cosmología sigue siendo una ciencia apasionante: aún hay que descubrir muchos hechos básicos. JRP

2. La cosmología del *Big Bang* parece una visión del mundo muy occidental. ¿Por qué es superior la visión científica occidental?

La ciencia ya no es «occidental». Hoy es un conocimiento producido por científicos de todo el mundo que se comparte con todos los que aprenden ciencia. La razón por la que hay que tomarse en serio la ciencia es que hace predicciones fiables sobre las que pueden basarse tanto las tecnologías como la visión del mundo. Usted confía en los frutos de la ciencia cada vez que viaja en avión. Debería confiar también en ellos cuando piense en el futuro de la Tierra.

La teoría básica de la cosmología moderna, la teoría de la doble oscuridad, ha hecho predicciones sumamente precisas, acerca de la radiación cósmica de fondo y de la evolución de las galaxias en el espacio, que han sido confirmadas por las observaciones. JRP

3. ¿Cómo explica $E = mc^2$ la relación entre la materia y la energía?

La materia, hasta donde sabemos, está formada por partículas elementales de varios tipos. Por ejemplo, los átomos están formados por un núcleo, que contiene la mayor parte de la masa, rodeado por electrones; el núcleo está formado por protones y neutrones que, a su vez, están hechos de quarks a los que los gluones mantienen unidos entre sí. Pensamos que la materia oscura es también una clase de partícula elemental; tenemos varias teorías acerca de qué tipo de partícula podría ser. Con la energía es diferente. La pueden transportar partículas, pero no es las partículas mismas, sino algo que se refleja, por ejemplo, en la velocidad de las partículas o en otras propiedades que tienen. Por ejemplo, la energía cinética K de una partícula de masa m y velocidad v es $K = 1/2 \; mv^2$ (mientras la velocidad v sea mucho menor que la velocidad de la luz).

La clave para entender la conexión entre la materia y la energía es la famosa fórmula de Einstein $E = mc^2$. La velocidad de la luz (c) es muy grande comparada con la velocidad de las cosas a las que estamos acostumbrados, como los aviones a reacción y los cohetes. De ahí que una pequeña cantidad de materia se pueda convertir en una cantidad enorme de energía. Y realmente ese es el fundamento de toda la astrofísica. Y de la vida. El Sol utiliza la fusión nuclear para convertir la masa en energía que es radiada, y cuando se recibe en la Tierra las plantas la absorben y convierten en energía almacenada, que usaremos nosotros como alimento o como combustible fósil. Las estrellas pueden almacenar energía de otras formas: el uranio, por ejemplo, se crea cuando las estrellas de gran masa estallan como supernovas.

La cantidad de todo lo que hay en el universo se mide mediante su densidad, la cantidad total de materia y energía en un volumen representativo de espacio (un volumen lo bastante grande para contener muchas galaxias). Aunque la materia y la energía oscura contribuyen a la densidad, tienen efectos completamente diferentes en la expansión del universo. Las contribuciones de la energía oscura, de la materia oscura y de los átomos a la densidad cósmica se muestran en las figuras 17 y 18. JRP

4. ¿Qué podría ser la materia oscura? ¿Qué se espera que se descubra sobre la materia oscura en los próximos años?

Los científicos esperamos que si descubrimos qué es en realidad la materia oscura, obtengamos una pista importantísima sobre cómo está compuesto el universo. Tenemos esa teoría moderna de la física de partículas, el modelo estándar, que predice correctamente los resultados de todos los experimentos realizados hasta ahora en los laboratorios de física de altas energías. Pero el modelo estándar, no obstante, es incompleto y no nos da respuestas a muchas cuestiones básicas y en él no hay sitio para la materia oscura. Los físicos llevan, pues, décadas intentando ir más allá del modelo estándar. El fundamento de la mayor parte de los intentos ha sido la hipótesis de la supersimetría.

La supersimetría predice que todas las partículas fundamentales que conocemos ahora tienen unas partículas compañeras, hasta este momento por descubrir, llamadas supercompañeras. La materia oscura sería la partícula supercompañera más ligera (LSP, por el acrónimo en inglés). En la mayoría de las versiones de la teoría de la supersimetría se predice que la LSP es estable (es decir, que no puede desintegrarse en otras partículas); es una candidata natural a ser la partícula de la materia oscura.[2] Además, cuando calculamos teóricamente cuántas LSP habrían sobrevivido a las condiciones del universo primitivo, la respuesta es del orden de magnitud de la cantidad de materia oscura que los astrónomos han medido en el universo actual.

El hipotético compañero supersimétrico del electrón recibe el nombre de selectrón; tendría la misma carga eléctrica que el electrón. Los quarks tendrían unas partículas compañeras llamadas squarks; las compañeras del fotón y de las partículas de las fuerzas fuerte y débil –los gluones y las partículas W y Z–, se llamarían fotino, gluino, wino y zino. La razón de que no se haya descubierto todavía a ninguna de estas partículas compañeras hipotéticas es, presumiblemente, que tienen una masa grande y no hemos tenido todavía energía suficiente en los aceleradores para crearlas. Hay buenas razones para pensar que con la energía de que se dispondrá en el Gran Colisionador de Hadrones (LHC) en Ginebra, Suiza, empezaremos a hacer partículas compañeras supersimétricas. Si es así, se desintegrarán inmediatamente en las LSP, que saldrán de los detectores sin ser detectadas. La prueba de que está sucediendo tal cosa estará en que los detectores del LHC captarán que falta energía y momento; la parte que faltaría sería la energía y el momento que se llevarían los LSP. Los astrofísicos Gary Steigman y Mike Turner propusieron que el nombre de esas partículas oscuras fuese «partículas de masa grande que interaccionan débilmente», o WIMP, por el acrónimo en inglés, un nombre especialmente apropiado para ellas porque, si bien tienen una masa mayor incluso que los átomos más pesados, solo experimentan interacciones débiles y gravitatorias, así que a usted casi se limitan a atravesarle, como los neutrinos. No obstante, están en marcha ahora experimentos sumamente sensibles que podrían ver los casos rarísimos en los que las WIMP rebotan en los núcleos. Estos experimentos se realizan en laboratorios subterráneos, bien profundos para blindarlos de los rayos cósmicos. Otros experimentos que utilizan satélites espaciales, como el Telescopio Espacial Fermi de Rayos Gamma, buscan indicios de que dos WIMP hayan interaccionado entre sí y se hayan convertido en otras partículas, entre ellas los fotones de alta energía conocidos como rayos gamma. Esperamos que una combinación de resultados de estos experimentos nos diga pronto la identidad de la partícula de la materia oscura, o descarte esa teoría. JRP

5. ¿En cuánto contribuyen los neutrinos a la densidad cósmica?

La densidad cósmica debida a los neutrinos está entre el 0,1 y el 1 por ciento. El límite superior viene de comparar la distribución de galaxias luminosas rojas en el Estudio Digital Sloan del Cielo (SDSS) con las predicciones de la teoría de la doble oscuridad teniendo en cuenta neutrinos de distintas masas, y también empleando los últimos dato de la radiación cósmica de fondo más el ritmo de la expansión del universo.[3] Un límite superior más restrictivo, de alrededor del 0,5 por ciento, se obtiene de los últimos datos del SDSS y de unos supuestos un poco más estrictos[4]. El límite inferior viene dado por la masa mínima del neutrino de mayor masa, que se deduce de las mediciones de un fenómeno denominado «oscilación de los neutrinos» que se produce en los rayos cósmicos de alta energía que inciden en la parte superior de la atmósfera.[5] JRP

6. ¿Qué es la energía oscura?

La energía oscura es la causa de que el universo se expanda más y más deprisa. Podría tratarse de una propiedad constante del espacio mismo –cuanto más espacio, más energía oscura– que hace que el espacio se expanda exponencialmente. Sería entonces lo que Einstein llamaba la «constante cosmológica». O bien, la energía oscura podría estar asociada a lo que los físicos llaman un campo escalar cuántico que no se encontrase en su estado más bajo de energía posible y que llenaría el espacio. En ese caso, la energía oscura podría cambiar con el tiempo, lo que posiblemente haría que la repulsión cósmica disminuyese o incluso desapareciese. La manera de determinar si la energía oscura es una propiedad constante del espacio o algo que cambia consiste en medir la historia de la expansión del universo y el crecimiento de estructuras en su interior con mucha más meticulosidad de lo que hasta ahora ha sido posible y ver de ese modo si la energía oscura ha cambiado en el pasado. Están en marcha varios proyectos para hacerlo; es posible que incluyan un nuevo satélite observatorio.[6] JRP

7. Con la introducción de la «energía oscura» para explicar el ritmo de la expansión del universo, ¿estamos prescindiendo de la invariancia de las leyes físicas con el tiempo?

No, las dos posibilidades descritas en el párrafo anterior relativas a la energía oscura están dentro del contexto de la física moderna ordinaria: la relatividad y la teoría cuántica. La relatividad general permite una constante cosmológica, como comprendió Einstein.

La teoría cuántica de campos permite una energía oscura dinámica generada por un campo escalar que no esté en su estado más bajo de energía; se esperaría en ese caso que la energía oscura disminuyese a medida que el campo «rodara» hacia su estado fundamental. Ambas posibilidades presuponen que la teoría en que descansan no cambia. Sin embargo, uno de los objetivos de las observaciones meticulosas de nuestro pasado cósmico es comprobar también esa premisa. JRP

8. ¿Qué reflexión hacen ustedes sobre la expresión «doble oscuridad», habida cuenta de las connotaciones más positivas de la palabra *luz*?

La mayor parte, con mucho, de lo que hay en el universo parece que no tiene conexión –o solo la menos intensa de las conexiones– con la luz, así que los astrónomos lo llaman «oscuro». Parte del triunfo de la cosmología moderna ha estribado en descubrir el papel de dos aspectos muy poderosos, pero invisibles, del universo, la materia y la energía oscuras.

La materia oscura es nuestra amiga. La materia oscura crea las galaxias y las demás grandes estructuras que la gravedad mantiene unidas. Sin la materia oscura no habría nada más. No habría ni galaxias, ni estrellas, ni elementos pesados, ni planetas rocosos, ni vida, así que le debemos muchísimo. Los científicos esperamos que si descubrimos qué es de verdad la materia oscura, obtengamos con ello una importante pista sobre cómo está compuesto realmente el universo entero.

La energía oscura es un problema aún más interesante, ya que no está claro cómo encaja la energía oscura en el modelo explicativo general de las ciencias físicas. Si llegamos a saber de dónde viene, cuál es su papel en el universo actual y cómo es posible que cambie en el futuro, podríamos conseguir un grado de comprensión muy profundo. Aunque estas cosas tienen muy poco que ver con la luz, nuestra esperanza es que arrojen luz sobre todo lo demás.

En un nivel más metafórico, llamar a nuestro universo «universo de la doble oscuridad», ¿no le presta una connotación un tanto espectral y desagradable? Véalo más bien de esta forma: nosotros –esa parte del universo que es polvo de estrellas– existimos gracias a esos enormes componentes oscuros. Este es el fundamento de lo que somos: que a la luz la mantiene la oscuridad. JRP

9. ¿Qué fue lo más importante que pasó en los primeros cien millones de años?

~ 10^{-32} segundos: la inflación cósmica crea pequeñas fluctuaciones y las infla hasta tamaños mucho mayores.

~ 10^{-30} segundos: una vez ha terminado la inflación, el universo se llena de radiación y de partículas.

~ 10^{-10} segundos: se produce la asimetría entre la materia y la antimateria, con alrededor de un solo quark extra por cada mil millones de quarks y antiquarks, y un solo electrón extra por cada mil millones de electrones y antielectrones (positrones).

~ 10^{-4}: los quarks y los antiquarks se aniquilan; queda un pequeño remanente de quarks que se mantienen unidos en protones, neutrones y mesones de vida corta.

~ 4 segundos: los electrones y los positrones se aniquilan; queda un pequeño remanente de electrones.

~ 5 segundos: La «nucleosíntesis del *Big Bang*» crea los núcleos ligeros y libera una gran cantidad de energía. Casi todos los neutrones se hallan en los núcleos de helio (formados por dos protones y dos neutrones), con una fracción muy pequeña de hidrógeno pesado (deuterio, con un protón y un neutrón) y de helio ligero (dos protones más un neutrón).

~ 400.000 años: se forman los átomos y el universo se vuelve transparente a la luz. La radiación cósmica de fondo empieza su camino hacia nosotros.

~ 100 millones de años: las fluctuaciones creadas durante la inflación cósmica crecen hasta convertirse en los primeros halos de materia oscura de tamaño galáctico. En ellos se forman las primeras galaxias, y en estas se forman las primeras estrellas, que son grandes y brillan durante alrededor de un millón de años antes de expeler los primeros elementos pesados; sus remanentes son agujeros negros de masa grande, que se convierten en los primeros minicuásares. JRP

10. ¿Cómo fue que pequeñas fluctuaciones de la densidad de un sitio a otro dieran lugar a los efectos cuánticos durante la inflación cósmica?

La expansión exponencial del universo durante la inflación cósmica significa que todos los puntos estaban rodeados de lo que los astrónomos llaman un horizonte de sucesos, donde el espacio se aleja de ese punto a la velocidad de la luz. Un agujero negro está también rodeado por un horizonte de sucesos, y Stephen Hawking mostró que la relatividad general más la teoría cuántica implican que allá donde haya un horizonte de sucesos tiene que haber oscilaciones cuánticas. Cuanto más pequeño sea el radio del horizonte de sucesos, mayores serán las fluctuaciones cuánticas: este es el origen de la «radiación de Hawking» que unos hipotéticos agujeros negros pequeños deberían radiar de una manera cada vez más copiosa a medida que se desintegrasen. Las fluctuaciones cuánticas se producen en el espacio-tiempo mismo, y eso hace que algunas regiones se inflen un poco más que otras y, por lo tanto, se vuelvan menos densas. Los astrofísicos han deducido los mismos resultados desde ángulos distintos, así que, pese a carecer todavía de una teoría cuántica de la gravedad que sea completa, tenemos confianza en que entendemos bien esta cuestión.[7] JRP

11. ¿Cómo sabemos que por cada quark o electrón superviviente se aniquilaron mil millones de quarks y electrones con sus antipartículas?

Por medio de los modelos estándar de la física de partículas y de la cosmología podemos calcular que la cantidad de aniquilación que tuvo que producirse corresponde más o menos a alrededor de mil millones de aniquilaciones de partícula-antipartícula por cada partícula superviviente (electrón o quark).[8] La física de la aniquilación de los electrones y sus antipartículas (los positrones) se ha estudiado con amplitud tanto teórica como experimentalmente, como lo han sido las aniquilaciones con sus antipartículas de las partículas que interaccionan fuertemente. Esa es la razón de que los astrofísicos tengamos confianza en que entendemos el período, que va de alrededor de una milésima de segundo a unos segundos, en que tales aniquilaciones se produjeron. Los procesos nucleares y atómicos que ocurrieron durante el período que va de ahí hasta los cuatrocientos mil años se han estudiado aún más exhaustivamente. JRP.

12. Las ilustraciones de la estructura a gran escala del cosmos muestran una telaraña cósmica filamentosa. ¿Por qué tiene ese aspecto?

La explicación es una combinación de la naturaleza de las fluctuaciones de la densidad creadas por la inflación cósmica y la subsiguiente evolución de este universo, cada vez más heterogéneo, bajo la acción de la gravedad.

El astrofísico ruso Jacob Zel'dovich y sus colaboradores realizaron hará unos cuarenta años un análisis que ofrece la clave de la explicación. Aun antes de la teoría de la inflación, Zel'dovich y otros ya habían intuido qué tipo de distribución de fluctuaciones a diferentes escalas se requería para formar el universo que vemos; hoy lo llamamos «espectro de fluctuaciones de Zel'dovich». Los efectos cuánticos que se dan durante la inflación cósmica producen por su propia naturaleza el espectro de fluctuaciones de Zel'dovich. Los análisis de Zel'dovich establecen a continuación la probabilidad de diferentes tipos de derrumbe.

Con mucho, el más probable es unidimensional: crea grandes y finas «tortas» (Zel'dovich las llamaba *blini* en ruso), muy densas. Los supercúmulos de galaxias son tortas de Zel'dovich; se hundieron en una dirección, pero siguen expandiéndose en las otras dos. El segundo tipo de hundimiento es bidimensional, a lo largo de líneas curvas. Estas son las primeras estructuras cósmicas que alcanzan una densidad pasablemente alta, y lo que crea las figuras esencialmente lineales o filamentosas que tanto destacan en las visualizaciones de las simulaciones por ordenador, como la simulación Bolshoi. La distribución de las galaxias realmente lo refleja: a grandes escalas son esas estructuras lineales las que dominan. En raras ocasiones hay derrumbes en las tres direcciones; son los que conducen a los cúmulos de galaxias a gran escala, y a cada galaxia a escala menor. En las visualizaciones de la distribución de la materia oscura en el universo en el momento presente, los halos de materia oscura de las galaxias y de los pequeños grupos de galaxias son brillantes perlas blancas ensartadas a lo largo de los filamentos, y los halos de materia oscura de los cúmulos de galaxias aparecen donde se cruzan filamentos grandes. JRP

13. ¿Cómo se forman las galaxias y los cúmulos de galaxias?

Las galaxias y los cúmulos de galaxias del universo en expansión se forman por medio de un proceso denominado «hundimiento gravitatorio». Durante el breve período de inflación cósmica al principio del *Big Bang*, las fluctuaciones cuánticas crearon ligeras diferencias en la densidad de una región a otra, y a continuación el tamaño de esas regiones microscópicas se infló mucho. Siguen expandiéndose con el universo en expansión. La gravedad hace que las regiones que son un poco más densas se expandan un poco más despacio; con el paso del tiempo, pues, llegan a ser más densas que sus alrededores. Cuando una región determinada tiene más o menos el doble de masa que la masa media de las regiones de su tamaño, deja de expandirse y se «relaja» hundiéndose sobre sí misma; se convierte así en lo que llamamos un halo de materia oscura. Mientras, el resto del universo sigue expandiéndose y se va haciendo menos denso.

El gas se enfría y se agrupa en los centros de los halos de materia oscura de tamaño galáctico; las estrellas se forman a partir de ese gas. Los halos de materia oscura cercanos se atraen gravitatoriamente y se fusionan a medida que pasa el tiempo, y a veces las galaxias de su interior chocan y se fusionan gravitatoriamente; se producen así brotes de formación de estrellas y se crean agujeros negros de masa grande. A escalas mayores, la fusión de unos halos de materia oscura con otros conduce a la formación de grupos y cúmulos de galaxias. Es un proceso muy complejo que no se puede calcular analíticamente, así que para saber cómo discurre realizamos simulaciones con superordenadores. JPR

14. ¿Cómo funcionan las simulaciones cosmológicas?

Primero usamos generadores de números aleatorios para simular las fluctuaciones cuánticas del universo en sus primeros tiempos, y hacemos que evolucionen hasta tan lejos como sea posible usando solo matemáticas simples (estas simulaciones se pueden ejecutar con un ordenador pequeño). Los resultados nos dicen qué condiciones iniciales hay que establecer en la simulación por superordenador: dónde hay que poner cada una de los miles de millones de partículas que representan la materia oscura y qué velocidades iniciales hay que darles. Permitimos entonces que las partículas interaccionen gravitatoriamente entre sí (es decir, el superordenador calcula la fuerza gravitatoria que sobre cada partícula ejercen las demás). Esto cambia la velocidad de cada partícula; el superordenador calcula dónde estarán un poco después. Las fuerzas que actúan sobre cada partícula se calculan de nuevo, las partículas se vuelven a mover, y así sucesivamente. Por fortuna, se han descubierto varios métodos que aceleran los cálculos, aunque el crecimiento incesante de la potencia de los superordenadores ha sido esencial para que los teóricos no solo pudiesen seguirles el paso a unas observaciones astronómicas que mejoraban rápidamente, sino que hicieran a menudo predicciones correctas sobre la distribución y las propiedades de las galaxias ¡antes incluso de que se realizasen las observaciones!

La enorme simulación Bolshoi, efectuada en 2009 por Anatoly Klypin y Joel Primack, les llevó algo más de dos semanas a unas catorce mil unidades de procesamiento informático (CPU) en el superordenador más potente de la NASA, el Pléyades; en total, seis millones de horas de CPU. (La ejecución de ese cálculo tardó en realidad unos dos meses, pues tuvimos que hacer pruebas piloto y correr la simulación mientras se construía y ensayaba el superordenador, y además hubo que repetir varias veces algunas partes del cálculo. Para analizar el resultado se necesitaron muchos meses más.) La simulación Bolshoi es actualmente la simulación cosmológica de gran magnitud que se ha efectuado con una resolución mayor. En su ejecución se aplicaron los últimos parámetros cosmológicos.[9]

Durante la simulación Bolshoi guardamos las localizaciones y las velocidades de los ocho mil millones de partículas para muchos periodos de tiempo, más o menos para cada entre cincuenta y cien millones de años de tiempo simulado. Hicimos entonces que el ordenador hallase todos los halos de materia oscura cohesionados, incluidos los que se encontraban dentro de otros halos, para cada período de tiempo guardado: unos diez millones de halos en cualquier tiempo, unos cincuenta millones a lo largo del curso de la simulación. Finalmente, hicimos que el ordenador determinara cómo se fusiona-

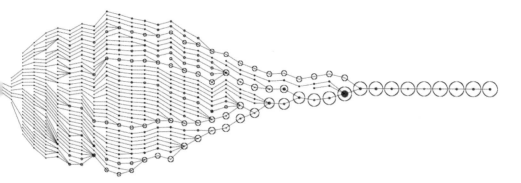

Fig. 32. La historia de las fusiones de un gran halo de materia oscura

ban unos halos con otros en cada período de tiempo para formar los halos de los pasos de tiempo siguientes. Obtuvimos así el «árbol de fusiones» completo de la simulación. La profesora Risa Wechsler, antigua alumna de doctorado de Primack, y su grupo de la Universidad de Stanford acabaron esta parte de la simulación. En la figura 32 se ve el árbol de fusiones de un solo halo grande.

El árbol de fusiones es el fundamento de lo que llamamos «modelos semianalíticos» (SAM), gracias a los cuales los teóricos siguen la evolución de millones de galaxias a medida que se forman y se fusionan para crear la población de galaxias de una región grande del universo. Esos SAM incluyen todos los procesos que se consideran importantes en la formación y evolución de las galaxias. Varios grupos de teóricos están ejecutando diversos SAM que modelizan el proceso de formación de las galaxias de modos distintos. Cuando comparemos las predicciones resultantes con las observaciones de galaxias cercanas y lejanas, veremos cuál de los modelos es más preciso, e incorporaremos esa información para hacer mejores cálculos en el futuro y entender los procesos que forman las galaxias, incluida nuestra Vía Láctea. JRP

15. ¿Cómo se simula la formación de una sola galaxia?

Tenemos que tratar la materia oscura y la ordinaria (atómica) por separado. Para la materia oscura solo es importante la gravedad, mientras que para la atómica también hay que tomar en cuenta las otras fuerzas, que hacen que las nubes de materia atómica se calienten cuando chocan y pierdan luego energía y se enfríen por medio de la emisión de radiación. Cuando el gas se enfría y se hace suficiente denso para formar estrellas, la energía que radian estas, incluidas las que se convierten en supernovas, puede calentar el gas cercano tanto como para que una parte de este salga expelido de las galaxias en formación. Las estrellas y las supernovas también enriquecen las galaxias en formación con elementos pesados, que facilitan el enfriamiento del gas y la formación de estrellas, ahora junto con planetas.

A veces las galaxias chocan. Cuando pasa, buena parte del gas de las galaxias fluye hacia sus centros, donde se producen grandes brotes de formación de estrellas. Los centros de las galaxias se fusionan y mezclan bastante deprisa. Solo alrededor de una milésima parte del gas se apelotona alrededor de los agujeros negros de masa muy grande del centro de las galaxias, pero la energía que así se libera es comparable a la energía liberada por las estrellas durante toda su existencia; cuando el ritmo al que se apelotona el gas alcanza su máximo, el agujero negro se convierte en un cuásar que brilla más que todas las estrellas de la galaxia porque está liberando una gran parte de la energía $E = mc^2$ de la masa del gas que cae.

Los programas de ordenador que se encargan de estas complejidades astrofísicas son de dos tipos básicos, que reciben los nombres de *smooth particle hydrodynamics* (SPH) y *adaptive mesh refinement* (AMR). Los programas SPH tratan el gas como un conjunto de partículas, cada una con las propiedades medias del gas de sus alrededores; los programas AMR, en cambio, dividen el espacio en casillas que se hacinan más cuando el gas es denso o cambia deprisa. Los programas SPH son rápidos pero burdos; los AMR, unas diez veces más lentos pero más precisos, sobre todo para captar fenómenos muy complejos, como las ondas de choque que se producen cuando colisionan dos nubes.

Cuando se forman muchas estrellas, las que tienen ocho o diez veces la masa del Sol son mil veces más brillantes, o más, que este, y tras unos millones de años agotan el hidrógeno de su centro. Se convierten entonces en enormes gigantes rojas; en su centro se fusionan núcleos mayores, con lo que se crean núcleos aún más pesados. El combustible nuclear se acaba pronto; el centro se derrumba sobre sí mismo y se crea una estrella de neutrones o un agujero negro. Las partes exteriores de la estrella son expulsadas formando una supernova. Los elementos pesados se convierten en polvo de estrellas, que impregna y rodea la región de formación de estrellas y absorbe buena parte de la luz de estas, que se reemite como radiación térmica de mayor longitud de onda. Patrik Jonsson, antiguo alumno de doctorado de Primack, ahora en la Universidad de Harvard, creó un programa de ordenador, *Sunrise*, para simular esos procesos y generar representaciones realistas de la formación e interacción de las galaxias. Otros simuladores de galaxias de distintas partes del mundo también lo usan.

La capacidad de los superordenadores actuales no es todavía la adecuada para simular más que unas pocas galaxias con tanta resolución que se puedan incluir los principales procesos astrofísicos creadores de galaxias. Por lo tanto, empleamos las simulaciones de alta resolución de galaxias para determinar las propiedades clave de las galaxias en formación de varias masas, y luego aplicamos los modelos semianalíticos (SAM) para seguir la evolución de la población de galaxias enteras. Los SAM predicen los números de galaxias de diversos tamaños y diversas luminosidades a distintas longitudes de onda, y además otras propiedades, como el número de fusiones galácticas y de cuásares en función del tiempo cósmico, y el de grupos y cúmulos de galaxias. Estas simulaciones se contrastan comparando sus predicciones con nuevas observaciones. Se han predicho correctamente muchas situaciones, y las que no, representan un reto para mejorar nuestras simulaciones y nuestros conocimientos. JRP

16. ¿Cuál es el papel de las simulaciones por ordenador en la astronomía moderna?

Tradicionalmente, los astrónomos eran observadores o teóricos. Pero a medida que ha mejorado nuestro conocimiento de los procesos astrofísicos y que los ordenadores han ganado potencia de procesamiento, se ha formado una subespecialidad bien delimitada: ejecutar y analizar simulaciones. No es inteligente, sin embargo, tratar las simulaciones por ordenador como una «caja negra» que produce respuestas mágicamente. Muy al contrario: la belleza de las simulaciones por ordenador reside en que no solo nos permiten abordar problemas complejísimos, sino variar las premisas y estudiar pasos intermedios de modo que podamos entender cómo y por qué las simulaciones producen sus resultados. A menudo nos es útil inventar modelos simplificados, «modelos de juguete», que capten los procesos esenciales que las simulaciones a escala completa tratan en detalle. Visualizar las simulaciones por superordenador tiene cada vez una importancia mayor al ayudar a los científicos a entender los cálculos realizados y sus consecuencias. Estas visualizaciones suelen ser bellas, y sirven para comunicar los hechos científicos a los estudiantes y al público en general. JRP

17. ¿Cuáles son los elementos más comunes, en nosotros y en el universo?

Los cinco elementos más abundantes en el Sol y en la mayoría de las estrellas son el hidrógeno, el helio, el oxígeno, el carbono y el nitrógeno. Las proteínas de que están hechos nuestros cuerpos se componen casi exclusivamente de carbono, hidrógeno, oxígeno y nitrógeno (CHON, para abreviar), los mismos elementos que más abundan en el Sol, salvo el helio. (El helio no desempeña ningún papel en nuestros cuerpos porque es químicamente inactivo.) Las proteínas están compuestas por veinte aminoácidos, y solo dos de ellos contienen otros elementos aparte de CHON (la metionina y la cisteína contienen también azufre; a veces se incluye a la selenocisteína, que contiene selenio, en una lista de veintiún aminoácidos). Los ácidos nucleicos que almacenan la información genética están hechos también de CHON, más fósforo. El cuerpo humano es, aproximadamente, en un 61 por ciento oxígeno (presente sobre todo en moléculas de agua), en un 23 por ciento carbono, en un 10 por ciento hidrógeno, en un 2,6 por ciento nitrógeno, en 1,4 por ciento calcio y en un 1,1 por ciento fósforo. El último uno por ciento, más o menos, consiste en otros tipos de átomos. JRP

18. Si decimos que la Tierra, el Sol o una galaxia se mueven, ¿qué se mueve con respecto a qué?

Hay un marco de referencia preferente en cada punto del espacio y del tiempo, el marco en el que la radiación cósmica de fondo tiene la misma temperatura en todas las direcciones (salvo por unas muy pequeñas fluctuaciones que reflejan las pequeñas diferencias de densidad entre unas regiones y otras en el *Big Bang*). En la relatividad especial, que se aplica a los movimientos en línea recta a velocidad constante en el espacio vacío, no puede haber un marco de referencia especial. Pero nuestro universo no es espacio vacío; está lleno de la radiación cósmica de fondo y de la luz de las galaxias, entre otras cosas. A quien se moviese con respecto al marco de referencia de la radiación cósmica de fondo, la radiación le parecería desplazada hacia el azul en la ventana de proa de la nave espacial y hacia el rojo en la de popa. Las mediciones de la radiación cósmica de fondo por el satélite Explorador del Fondo Cósmico (COBE) de la NASA mostraban precisamente ese tipo de desplazamientos al rojo y al azul según se iba moviendo la Tierra alrededor del Sol; los satélites Sonda Wilkinson de la Anisotropía en Microondas (WMAP), de la NASA también, y Planck, de la Agencia Europea del Espacio, los están midiendo ahora con más precisión. Pero estas mediciones no fueron la primera prueba de que Copérnico tenía razón al decir que la Tierra gira alrededor del Sol. El astrónomo británico James Bradley descubrió en 1725 ligeros cambios estacionales en la dirección aparente de las estrellas causados por el movimiento de la Tierra alrededor del Sol, fenómeno que recibe el nombre de "aberración estelar". JRP

19. ¿Cuál es la velocidad media a la que las galaxias se separan unas de otras? ¿En qué momento del futuro se separarán a la velocidad de la luz o mayor?

Como en un universo que se expande uniformemente la velocidad de una galaxia que esté lejos de nosotros es proporcional a su distancia (la ley de Hubble), no tiene sentido dar una velocidad media. Lo que podemos decir es que las galaxias que se encuentran a una distancia de 100 megaparsec se alejan a 7.000 h_{70} kilómetros por segundo, y que las que están dos veces más lejos se mueven el doble de deprisa, y así sucesivamente. (Un megaparsec = 1 Mpc = 3,26 millones de años luz, y según las últimas observaciones h_{70} = 1,00 ± 0,02.)

Como no sabemos todavía qué es la energía oscura, no podemos decir con seguridad qué pasará en el futuro distante. Pero si la energía oscura es la constante cosmológica de Einstein, el cúmulo más cercano de galaxias, el de Virgo, que está ahora a unos sesenta millones de años luz de nosotros, se alejará de nuestra galaxia a la velocidad de la luz dentro de unos cien mil millones de años. JRP

20. ¿Cómo es posible que las galaxias lejanas se aparten de nosotros a una velocidad mayor que la de la luz? ¿No viola eso la relatividad de Einstein?

La relatividad especial dice que la velocidad de la luz (en un vacío) es el límite de velocidad máximo en los «marcos de referencia inerciales» (que se mueven con velocidad uniforme en ausencia de gravedad). Pero en la relatividad general (que incluye la gravedad), la expansión del universo va arrastrando los marcos de referencia inerciales y los aleja de nosotros. La velocidad a la que la expansión del universo se va llevando los marcos de referencia inerciales distantes más lejos de nosotros es proporcional a la distancia (ley de Hubble), así que para una distancia suficientemente grande esta velocidad sobrepasa la de la luz. Todo esto es conforme a la teoría de la relatividad general de Einstein. JRP

21. ¿Cómo puede representar nuestro horizonte cósmico la localización presente de galaxias distantes que se están alejando cuando la luz por la que las vemos procede del pasado? ¿A qué distancia están ahora?

Cuando vemos un barco en el horizonte, su distancia real es en esencia la misma que la aparente, ya que el tiempo que le lleva a la luz llegar hasta nosotros desde el barco es insignificante. Pero cuando vemos una galaxia a través del universo, el tiempo que ha estado viajando la luz puede ser casi la edad del universo. Los cosmólogos definen el horizonte (de partículas) como una esfera que nos rodea y que representa las localizaciones presentes de los objetos más lejanos que ahora podríamos detectar mediante las señales que emitieran en tiempos pasados. La pregunta se refiere a la distancia a que se encuentra el horizonte. Claro está, las galaxias distantes se han alejado de nosotros desde que emitieron la luz que vemos ahora. Pero una vez conocemos los parámetros cósmicos básicos –cuánta materia y energía oscuras hay y a qué velocidad se expande hoy el universo– podemos emplear la relatividad general para calcular dónde están las galaxias ahora (es decir, cuando su reloj cósmico, que se puso en marcha en el *Big Bang*, marca lo mismo que el nuestro). La distancia a la materia que radió la radiación térmica del *Big Bang* que estamos recibiendo ahora es de cuarenta y seis mil millones de años luz. La distancia al horizonte cósmico es solo un poco mayor, unos cuarenta y siete mil millones de años-luz. ¿Cómo es posible que esta materia, que hace ya mucho que se convirtió en galaxias, esté tan lejos, cuando del *Big Bang* solo hace trece mil setecientos millones de años? La respuesta es que esas galaxias se han estado alejando de nosotros durante un tiempo a una velocidad mayor que la de la luz. De hecho, el universo se ha expandido en un factor de mil desde que la radiación térmica del *Big Bang* partiese hacia nosotros. JRP

22. ¿Hay todavía alguna posibilidad de que el universo vaya a acabar en un *Big Crunch*, en una gran trituración?

Todos los indicios modernos apuntan a un futuro exactamente opuesto a ese: a un universo que no se hunde en una gran trituración, sino que se expande indefinidamente a gran escala. Pero como no conocemos todavía la naturaleza de la energía oscura que está haciendo que el universo se expanda más deprisa, ni tampoco la naturaleza fundamental de la gravedad, hemos de tener una actitud abierta acerca de cuál será el final definitivo. JRP

23. ¿Qué hay más allá del universo visible?

Hay todo tipo de razones para creer que el universo, más allá de nuestro horizonte cósmico, es justo como el universo que tenemos cerca. Pero a escalas realmente gigantescas, la teoría de la inflación cósmica eterna dice que hay otros universos (o «burbujas cósmicas») de los que estaremos desconectados para siempre, como hemos intentado explicar en el capítulo 7. Es posible que las leyes de la física sean completamente diferentes en otros universos. JRP

24. ¿Por qué unas leyes de la física diferentes en otros universos no permitirían que existiese la vida?

Es posible que las leyes de la física que controlan la química, por ejemplo, estén en realidad determinadas por procesos que se producen al final de la inflación cósmica; las leyes podrían ser diferentes, pues, en burbujas cósmicas diferentes de la nuestra. Los físicos se han estado entreteniendo sopesando los efectos de cambios diversos en las leyes de la física; han visto que universos donde fuesen apenas un poco diferentes serían inhóspitos para la vida tal como la conocemos. Podría ocurrir, por ejemplo, que no existiesen las estrellas o que tuviesen vidas cortas, o que en las estrellas no se formase el elemento carbono, fundamento de la química orgánica en que se basan todos los organismos vivos de la Tierra.[10] JRP

25. ¿Por qué existe el tamaño más pequeño de todos?

La relatividad general nos dice que hay una cantidad máxima de masa que se puede embutir en una región de un tamaño dado. Si se introduce más masa que la que la región puede contener, la gravedad se vuelve demasiado intensa y la región misma –el espacio– se derrumba sobre sí misma hasta no tener tamaño alguno. Eso es un agujero negro. Mientras, la mecánica cuántica establece el límite del tamaño mínimo, pero de manera muy peculiar. Los electrones, los protones y otras partículas tienen masas pequeñísimas y están siempre moviéndose. Cuesta mucho localizarlas en un punto exacto. El «tamaño» de la partícula es en realidad el tamaño de la región donde podemos tener la seguridad de que se halla. Cuanto más pequeña sea la región donde esté confinada, más energía se requiere para hallarla, y más energía equivale a una masa mayor. Resulta que hay un tamaño especial, muy pequeño, donde la máxima masa que la relatividad permite que se apiñe sin que la región se derrumbe convirtiéndose en un agujero negro es también la masa *mínima* que la mecánica cuántica permite que se confine en tan diminuta región. Ese tamaño, unos 10^{-33} cm, recibe el nombre de longitud de Planck, y es el menor tamaño posible. En la teoría de cuerdas, los tamaños menores que la longitud de Planck se reasignan a tamaños mayores que la longitud de Planck. JRP

26. ¿Satisface el Uroboros cósmico de alguna forma la esperanza de Einstein de encontrar una teoría unificada?

En parte. El tragarse la cola representa, de hecho, la esperanza de que acabaremos la tarea y conectaremos las fuerzas que son más importantes en las pequeñas escalas con la gravedad, que domina en las grandes. Lo que los físicos llaman ahora «modelo estándar de la física de partículas» (la obra de muchos físicos hace entre veinte y treinta años) logró un éxito parcial al unificar las teorías del electromagnetismo y de las fuerzas débiles y fuertes. Ahora sabemos que esas teorías tienen una estructura muy similar; la llamamos teoría *gauge*, o de aforo o calibre. Básicamente, esto significa que las fuerzas que tienen el control en la escala del núcleo atómico son análogas al electromagnetismo. El problema que sigue pendiente es el de la unificación de la física fundamental completa, incluida la gravedad, y en particular el de conocer la naturaleza de los principales componentes del universo: la materia y la energía oscuras. Es posible que la teoría de supercuerdas sea parte de la respuesta.

Tenemos la esperanza de que en los próximos años se produzcan nuevos descubrimientos de la mayor importancia. No es improbable que, si la materia oscura consiste en partículas de masa grande que interaccionan débilmente (WIMP), la descubramos en los años que vienen. Y puede que esos nuevos descubrimientos nos den las pistas, que Einstein no tenía y que los físicos de hoy seguimos sin tener, que podrían ayudarnos a unificar toda la física. JRP

27. ¿Podría explicar la teoría de cuerdas y su posible conexión con el Uroboros cósmico?

La teoría de cuerdas incluye una teoría cuántica de la gravedad, junto con la posibilidad de incluir las demás fuerzas fundamentales de la naturaleza que conocemos: la fuerte, la débil y la electromagnética. Es, pues, una posible teoría unificada. Y en la estructura matemática de la teoría, si se intenta ir a tamaños menores que la longitud de Planck, no se puede; lo que se piensa que es menor resulta ser mayor. Así que la teoría de cuerdas incorpora automáticamente la idea de hay un tamaño que es el menor: la longitud de Planck.

El problema con la teoría de cuerdas es que está inacabada. Es una teoría de diez u once dimensiones (dependiendo de cómo se la vea), mientras que solo podemos sondear con nuestros experimentos y observaciones tres dimensiones del espacio y una del tiempo. No sabemos cómo lograr que la teoría de cuerdas haga predicciones acerca del mundo de tres más una dimensiones. Parece que hay un número muy grande –posiblemente casi infinito– de maneras, ¡y no sabemos cuál tiene sentido (si es que alguna lo tiene)! Ese el problema de la «compactización» de la teoría de cuerdas. Y mientras no sepamos más, o tengamos una teoría mejor, no podremos convertir este maravilloso ente matemático en una teoría científicamente predictiva.[11]

Les digo a mis alumnos que la teoría de cuerdas es seguramente un proyecto para físicos de mediana edad. Es muy peligrosa para los físicos jóvenes porque es muy difícil, y resulta muy probable que quien tira por ese camino acabe por no encontrar trabajo. Tampoco le viene bien a un físico viejo como yo porque me gustaría saber si las teorías en las que trabajo son ciertas o no, y no parece probable que en lo que se refiere a la teoría de cuerdas vayamos a saberlo en un tiempo prudencial. Creo, pues, que la teoría de cuerdas es un trabajo para físicos de mediana edad, con un puesto de trabajo garantizado. JRP

28. La teoría de la doble oscuridad, ¿sirve para explicar el *Big Bang* o lo que sucedió antes?

La mejor manera que tenemos de entender el *Big Bang* sostiene que el universo en expansión arrancó con la inflación cósmica –un brote brevísimo de crecimiento exponencial del universo-, que le dio las condiciones iniciales, según la teoría de la doble oscuridad, para la formación y evolución de las galaxias, los cúmulos de galaxias y los supercúmulos. Desde el primer trabajo sobre la materia oscura fría,[12] la inflación cósmica forma parte de la teoría. Pero la teoría de la doble oscuridad no explica la inflación cósmica. Como explicamos en el capítulo 7, la mejor idea que tenemos ahora sobre el origen de la inflación cósmica es que se trata de una transición local que lleva de la «inflación eterna» (que prosigue en la mayor parte del universo a las mayores escalas) al universo en expansión. JRP

29. ¿Por qué es alentadora la analogía entre la inflación cósmica y la inflación de la humanidad?

Lo que intentamos recalcar aquí es que, como el universo recién nacido tras la inflación cósmica, la humanidad es muy joven y tiene posiblemente un inmenso futuro. Nuestra especie existe quizá desde hace cien mil años. La civilización –el período neolítico, digamos, con las primeras ciudades y el principio de la división del trabajo– empezó hará unos diez mil años, a finales de la última era glacial. Y la Revolución Industrial, con el concomitante crecimiento exponencial del impacto humano en el planeta, empezó hace solo unos doscientos años. Pero el futuro posible de la humanidad se mide en cientos de millones de años como poco, si es que no es en miles de millones. Y brillarán estrellas en la Vía Láctea durante billones de años. Más aún, como las estrellas pequeñas brillan más a medida que pasa el tiempo, la Vía Láctea será dentro de un billón de años más brillante que ahora. Así que el tiempo relativo entre la evolución de los seres humanos modernos y el futuro potencial de nuestros descendientes es verdaderamente enorme: hay que multiplicar por millones. Y no es tan distinto de la tremenda diferencia entre el período brevísimo de la inflación y el larguísimo de expansión lenta y evolución cósmica que ha seguido a la inflación. La analogía que queremos recalcar, pues, es que debemos poner fin al presente y breve período de inflación de la humanidad de alguna manera que sea sensata, de modo que se tenga un medio ambiente agradable para muchos millones o miles de millones de años en el futuro. No hay ninguna ley de la física que diga que tengamos que fracasar. JRP

30. ¿Por qué no puede haber conciencias del tamaño de la Tierra, o de una galaxia incluso?

Las conexiones por medios electrónicos –Internet, por ejemplo– permiten que la Tierra entera pueda convertirse, en cierto sentido, en una criatura pensante. Pero si uno se fija en cómo funciona de verdad la mente, verá que hasta en el cerebro humano parece que haya muchas partes distintas en las que se producen las complejas operaciones que subyacen al pensamiento. En los grandes superordenadores, ciertamente, los cálculos difíciles de verdad se efectúan en procesadores individuales; lo que reduce la velocidad del conjunto es la comunicación entre esos procesadores, cuyo límite infranqueable es la velocidad de la luz. Se puede tener, por lo tanto, una sociedad a escalas mucho mayores, pero la conciencia individual –donde las ideas se forman y viajan deprisa– tendrá que ser mucho menor. Una conciencia de escala galáctica, por ejemplo, sería muy lenta, ya que la luz tarda cien mil años en atravesar nuestra galaxia. El número de pensamientos galácticos en la historia completa del universo sería muy pequeño en comparación con el número de pensamientos que tiene usted en un solo día. JRP

31. ¿No puede haber comunicaciones instantáneas utilizando el principio cuántico de no-localidad?

La no-localidad cuántica es un fenómeno importante con consecuencias sobre la computación cuántica y otras técnicas futuras, pero no para las comunicaciones más veloces que la luz.[13] JRP

32. ¿Qué tiene de malo el pensamiento dualista?

Platón, en su famoso mito de la caverna en *La república*, sostenía que el mundo que vemos a nuestro alrededor es una ilusión, que lo que es real, o en cualquier caso *más* real, son las formas, y que en el mundo de los objetos materiales solo existen pobres reflejos de esas formas ideales. Un ejemplo de forma platónica es un círculo, y el círculo que se puede dibujar en una pizarra es, en efecto, un pobre reflejo del círculo perfecto, del círculo ideal.

La física moderna ha cambiado por completo nuestra forma de verlo: hasta donde sabemos, las estructuras de los átomos, y de todas las cosas pequeñas por ese estilo, son formas matemáticas perfectas. ¡Y sin embargo la materia no es sino eso! Por lo tanto, esa distinción aparente entre la materia y la forma ha desparecido por completo en la física moderna. Creo que ello no solo socava el dualismo platónico, sino el cartesiano.

El dualismo cartesiano, que resalta la diferencia entre la mente y la materia y entre la razón y la emoción, está muy desencaminado, ya que presupone que hay una diferencia fundamental entre el espíritu (o las «formas ideales») por una parte y el grosero universo material por la otra.[14] Es una tergiversación del funcionamiento del mundo. Representa básicamente una extrapolación indebida del mundo físico que conocemos a diario (objetos sólidos, que evidentemente están aquí) hasta más allá de la escala que nos es familiar, a saber, la que va de las cosas pequeñas que aún podemos ver a las grandes que aún podemos ver. Pero con la ayuda de instrumentos podemos ver cosas mucho más pequeñas y mucho mayores, y no se comportan de la misma forma. Para entender cómo funciona el mundo, hay que entender cómo se comportan las cosas en escalas diferentes. JRP

33. Puesto que no cabe duda de que no están abogando por la visión precopernicana del universo, cuando dicen que somos el centro del universo, ¿lo dicen irónicamente?

Desde la época de los griegos y durante toda la Edad Media hasta el Renacimiento, se creyó que la Tierra estaba física, literalmente, en el centro y que el universo entero daba una vuelta a su alrededor todos los días. Ahora sabemos que no es verdad. Pero sabemos también que estamos en el centro de nuestro universo observable y que cuando miramos por el espacio estamos mirando hacia atrás en el tiempo. Esto vale para cualquier localización en el universo. Hemos explicado también que nosotros, criaturas inteligentes, tenemos también un lugar central o especial en el universo moderno por otras varias razones. No utilizamos esa manera de hablar del «centro del universo» con ironía, pero quizá haya algo de irónico en que, tras siglos de creer que la ciencia nos había expulsado del centro del universo, descubramos al final que sí somos centrales. JPR

34. ¿Qué tiene que ver la cosmología con la moral?

El imperativo moral básico es la supervivencia. Esa ha sido la esencia de toda vida. Todos somos el resultado de una cadena ininterrumpida de supervivencias y procreaciones, y esto ha de figurar en nuestra visión del mundo. Yo creo que lo más importante que nos enseña la cosmología es lo viejo que es el universo, que los seres humanos acabamos de llegar y que nuestros descendientes disfrutarán de un futuro indefinidamente largo. Lo que cuenta el Génesis, que el universo existe desde hace muy poco y que los seres humanos hemos vivido en él desde el principio, salvo los cinco primeros días, es completamente falso. Si usted entiende en cambio que vivimos en la mitad de los tiempos, con una gran cantidad de tiempo ante nosotros si no malgastamos nuestras oportunidades, y si combina eso con un deseo de supervivencia básico, tendrá la motivación que se necesita para contribuir a los cambios que requiere una transición armoniosa que, de los impactos causados por los hombres, que van creciendo exponencialmente, nos conduzca a una relación sostenible con el planeta que es nuestra casa. JRP

35. La economía funciona porque se espera un crecimiento futuro. Si la economía dejara de crecer se hundiría, lo que conduciría a su vez a un derrumbe medioambiental. ¿Cómo lo evitamos?

La economía puede crecer, pero a un ritmo sostenible. Hasta 1974, cuando se produjo la primera crisis del petróleo, era más o menos un axioma de la economía que el consumo de energía crece al mismo ritmo que la economía en general. Pero desde 1974 el crecimiento económico de Estados Unidos ha sido mucho mayor que el crecimiento del consumo de electricidad o de energía. Y en California, el consumo de electricidad per cápita apenas ha crecido desde 1974; el consumo de energía per cápita en California es ahora la mitad que en Estados Unidos en su conjunto. ¿Cómo es posible que California lo haya hecho tan bien? Gracias a una decisión política: se creó la Comisión de Energía de California y los físicos (sobre todo del Laboratorio Nacional Lawrence en Berkeley) pusieron mucho empeño en medir el consumo de energía de los aparatos eléctricos. De ahí salieron normativas nuevas; pronto, la mitad de los refrigeradores hechos en Estados Unidos no se podían vender en California porque derrochaban demasiada energía. (A causa de los bajos precios de la energía, los fabricantes dejaron de poner aislante en los refrigeradores. Como el agua se condensaba en las frías partes exteriores, ¡se instalaban calentadores eléctricos en las paredes y puertas de los refrigeradores!) Los refrigeradores de hoy son el doble de grandes, pero consumen menos electricidad que el refrigerador medio de entonces. Como California es una parte muy considerable de la economía de Estados Unidos, el país entero ha seguido sus pasos. Lo mismo pasó con las bombas de calor y con el consumo general de energía en los edificios.[15]

El secretario de Energía, Steve Chu, un físico que ha recibido el Premio Nobel y dirigió el Laboratorio Nacional Lawrence en Berkeley, lo está aplicando a nivel nacional. Podemos, pues, romper con el hábito de consumir cada vez más energía sin que la economía se venga abajo. La economía de Estados Unidos es en gran parte una economía de servicios y, en la medida que vendemos cosas, mucho de lo que vendemos es información, que no requiere un gran consumo de recursos. Pienso, por lo tanto, que la creatividad puede sustituir realmente buena parte del consumo de recursos. Y no tenemos que parar el crecimiento, solo tenemos que parar el crecimiento exponencial del consumo de recursos; no es una dificultad tan grande como se suele creer. Un cambio de dirección a corto plazo puede tener consecuencias enormes a largo plazo. JRP

Una de las razones clave por las que nos parece que la inflación cósmica es el modelo correcto para poner fin al crecimiento inflacionario del consumo de recursos es que no requiere que el crecimiento termine. El crecimiento continúa, pero mucho más despacio. La transición no será gradual o fácil en todas partes, pero sí puede ser gradual y fácil en algunas. Se sufrirá mucho, no cabe duda. Pero más se sufrirá si se intenta seguir como hasta ahora.

Joel y yo intentamos adoptar un punto de vista a lo grande. En vez de explicar cómo se puede cambiar la economía o afinar tal o cual detalle, intentamos dar un paso atrás y preguntar: «¿Qué compartimos? ¿Cómo se podría tener un conjunto de principios que nos guiase de modo que los expertos en sus respectivos campos, si se adhieren a esos principios, empiecen a pensar de otra manera?». Yo, personalmente, no sé cómo hay que reestructurar la economía. Pero si quienes entienden de economía entendiesen esos principios que proceden de la cosmología también como analogías, y quizá como modelos, adquirirían una capacidad de repensar la economía de modos muy interesantes y en nuevos términos. Hará falta mucho más que una aldea, hará falta un planeta para hacerlo, y por eso necesitamos gente en todos los países, también en China, India y Brasil, que participen en el tipo de cooperación que podría transformar el mundo de los hombres.

Tenemos que empezar, sin embargo, con algo en lo que coincidir. Nadie ha empezado jamás coincidiendo en los detalles. A menudo se puede empezar coincidiendo en los principios básicos antes de discutir cómo esos principios van a afectar los detalles: así es como se obtiene un primer acuerdo. Entonces, una vez que hay un compromiso con esos principios, hay que traducirlos en actos, y ahí es donde viene el trabajo importante de verdad. Dirimamos eso políticamente. Pero hemos de empezar con un amplio acuerdo sobre algo mucho mayor, y por eso empezamos con los principios cosmológicos. NEA

36. ¿Qué entienden ustedes por «mito» y de dónde viene en realidad esa idea de un mito moderno?

La palabra *mito* se suele usar para referirse a una creencia falsa, a una idea de otro que es meramente errónea o quizás a un viejo y pintoresco cuento. Pero un mito cultural es una explicación de esa realidad más vasta *de la que usted forma parte.* Claro que, como es natural, si es el mito de otro, a usted no le parecerá verdadero, pero si es su mito, si explica su origen y el significado de la posición que ocupa en su sociedad, entonces a veces ni siquiera se dará cuenta de que existe, como un pez no se percata del agua en la que nada. No hay cultura tradicional que no tenga un sentimiento compartido de qué significa el mundo y cómo es más allá del mundo material ordinario.

Por la idea de que el mundo moderno todavía necesita mitos, nosotros (y muchos más) debemos muchísimo a dos pensadores en particular: Mircea Eliade, historiador rumano y filósofo de las religiones de la Universidad de Chicago, que me inspiró mientras yo estudiaba allí, y Thomas Berry, un sacerdote católico, historiador cultural y, por decirlo con la palabra que acuñó para sí mismo, *geologiano.* Eliade hizo que mucha gente se hiciera a la idea de que los mitos, de los que se suponía por lo común que eran relatos folclóricos que trataban sobre todo de dioses obsoletos, eran en realidad la forma que la humanidad tenía de contemplar, a través del mundo ordinario, su significado profundo y de experimentar la existencia de algo sagrado. El sistema de metáforas que una cultura emplea para expresar su sentido de lo sagrado es local, propio solo de esa cultura, pero la experiencia es universal. (Incluso quienes no se sienten a gusto con el tono religioso de la palabra *sagrado* tienen casi siempre algo que consideran sagrado, por ejemplo el método científico o la libertad, o la verdad o, en el caso de los firmantes de la Declaración de Independencia, su honor.) Eliade temía que sin el tipo de experiencia de lo sagrado que los mitos comunican, sin la experiencia a la que se accede gracias al mito, los hombres modernos quizá no valoraríamos nuestra civilización lo suficiente para conservarla.

Pero el mero hecho de saber que tu sociedad necesita un mito no te da uno, y en la era de la ciencia los mitos precientíficos no pueden ser creídos por las diferentes culturas. Fue Thomas Berry quien enseñó que en realidad disponemos de un mito enorme, un mito que explica la Tierra entera. No conoció la cosmología moderna (la visión actual del Nuevo Universo no estaba elaborada del todo cuando escribió su libro capital, *The Dream of the Earth*), pero mitificó la Tierra. Nos dio la primera mitología de la Tierra entera de la que todos los hombres podían formar parte. Y verdaderamente fue una contribución enorme, ya que hasta entonces había habido mitologías locales, pero nada que *pudiesen* compartir todos los hombres con solo que lo entendiesen. Más tarde, Berry colaboró con Brian Swimme en el libro *The Universe Story*, un libro para un público amplio que es quizá el primer intento de mitificar el universo moderno. NEA

37. La metáfora, ¿no es más pertinente en literatura que en ciencia?

No se trata de elegir entre la ciencia dura y la metáfora blanda. La ciencia carece de sentido sin las metáforas, en especial la ciencia que pertenece a esos aspectos del universo con los que los seres humanos no tenemos un contacto directo. No habría más que ecuaciones y gráficos ininteligibles; sin metáforas los científicos no podrían hablarse para intentar discernir el significado de sus ecuaciones.

Los seres humanos, cuando pensamos en algo abstracto, siempre nos valemos de metáforas. Si uno intenta pensar en algo abstracto, deberá compararlo con alguna cosa que sea más concreta. De hecho, hasta el término *concreto* es una metáfora. No podemos escapar de esto: así funciona nuestro cerebro.[16] Entender el universo es una combinación de entender la "«ciencia dura» y entender cómo pensamos los seres humanos. Si no se toma en cuenta la neurociencia de cómo pensamos –y la historia de las religiones en cuanto historia de nuestro comportamiento-, no se podrá ni siquiera explicar la ciencia dura. Estamos intentando construir un puente entre lo que se considera «ciencia dura» y el resto de la cultura. Nos hacemos la siguiente pregunta: «Haber comprendido que vivimos en un universo diferente del que todo el mundo suponía, ¿qué significa para nosotros?». Para responderla, no hay vuelta de hoja: tenemos que usar metáforas.

Pero no podemos limitarnos a escoger nuestra religión preferida e intentar explicar el universo con las metáforas de esa religión. Por ejemplo: estirar los seis días de la creación del principio del Génesis para que parezca que explican realmente el *Big Bang*. Es ridículo: no hace justicia ni a la Biblia ni a la ciencia. No se puede escoger las metáforas primero y meter a presión dentro de ellas a la ciencia. Pero cuando se entiende la ciencia, se tiene la obligación de buscar metáforas válidas. NEA

38. ¿De dónde salió la idea de la mediación científica? Y si es tan eficaz, ¿por qué no se utiliza?

La historia de la mediación científica empezó en la década de 1970, cuando trabajaba para la Fundación Ford como abogada e investigaba medios alternativos para la resolución de disputas, medios que no pasasen por los tribunales y que la Fundación pudiese patrocinar. Me invitaron a una reunión en Washington de un subcomité del comité científico asesor del presidente Gerald Ford; me encontré allí con un grupo de científicos de muy alto nivel concentrados en un problema enorme: la dificultad de convertir la ciencia en decisiones políticas, cuando no lograrlo puede llevar a desastres de múltiples escalas. El subcomité se esforzaba en averiguar lo siguiente: ¿cómo se puede hacer que un buen consejo científico llegue a los organismos gubernamentales cuando los responsables de decidir entienden poco de ciencia y son mucho más sensibles a los argumentos económicos y políticos? Hasta la fecha, el problema no se ha resuelto. Supóngase que usted es uno de esos responsables. El tiempo se le echa encima para decidir la política a seguir. Sus asesores científicos favoritos discrepan entre sí. ¿Cómo se supone que va usted a saber dónde está la verdad si ellos no lo saben? Si usted convoca un impresionante comité de expertos y les exige que alcancen un consenso, tendrán que disimular sus diferencias, lo cual quizá no le ayude a usted a tomar una sabia decisión. Si no exige un consenso, sin embargo, le darán un informe de la mayoría y un informe de la minoría, que quizá tampoco le sirvan de mucho, ya que usted sabe que la verdad científica no se determina por la regla de la mayoría. Como dijo Albert Einstein cuando le contaron que cien profesores nazis ponían en entredicho su teoría judía de la relatividad: «Si fuese falsa, con un profesor bastaría».

El subcomité estaba sopesando una propuesta de solución: los políticos deberían aparcar la parte científica de la controversia y remitirla a un «tribunal científico». En el tribunal científico, un panel de científicos juzgaría y dos científicos, expertos pero que discrepasen entre sí, harían de abogados y presentarían las dos caras del caso. El panel de jueces determinaría entonces la verdad científica de las propuestas sobre las que había que tomar una decisión inminente. Desde el punto de vista del organismo gubernamental, el tribunal científico sería una caja negra que le entregaría respuestas.

Asistí asombrada a esta discusión, en la que se entendía mal tanto al tribunal como al método científico. El propósito final de un tribunal no ha sido nunca hallar la verdad, sino resolver disputas de modo justo y sin violencia. En un tribunal, la verdad es lo que a un juez o a un jurado les parece creíble tras seguir unos procedimientos convencionales. Los tribunales, pues, eran un modelo equivocado cuando el propósito era acercarse a la verdad científica tanto como fuese posible en aquel preciso momento. La ciencia tiene su propia forma de proceder y no hay una ruta más fácil y rápida hacia el conocimiento que no sea atenerse escrupulosamente al método científico. No obstante, las decisiones políticas hay que tomarlas, y cuando no se tiene tiempo para esperar el resultado de más investigaciones, lo importante es dejar claro el abanico de posibilidades que permanecen abiertas, pues la ciencia no está concluida, y ayudar a que se entienda *por qué* diferentes expertos se inclinan por posibilidades distintas dentro de ese abanico. Al haber trabajado en la Fundación Ford sobre cómo mediar en contextos no tradicionales, comprendí que con la utilización de las técnicas de la mediación, pero respetando el método gracias al cual la ciencia progresa, quizá resultase posible resolver el problema que se planteaba el comité y redactar un informe que no solo reflejase el estado presente del conocimiento científico, sino que cambiara el debate. El objetivo es iluminar la situación, incluyendo lo que está en juego en caso de error, sin pretender que se sabe más de lo que realmente se sabe.

La mediación científica es un procedimiento cuyos resultados son difíciles de manipular; por eso es un enfoque peligroso para un organismo gubernamental que ya haya decidido lo que quiere hacer y solo busque que un grupo de científicos reputados le dé el visto bueno. Es probable que de la mediación científica emerjan verdades inesperadas pero muy valiosas acerca de por qué ciertos prejuicios económicos y políticos tienden a empujar a un científico a un lado o a otro incluso en su interpretación de los datos científicos. Esas son cosas que el organismo quizá no quiera saber, o que no quiera que otros averigüen, y en un contexto muy politizado hace falta valor y un auténtico compromiso con el interés general para atreverse a ello. Esta puede ser la razón de que no se haya hecho ninguna mediación científica en Estados Unidos.

En la controversia sobre los residuos nucleares de que se habló en el capítulo 6, en cambio, los suecos buscaban la verdad; querían realmente saber si el plan de eliminación de los residuos nucleares iba a funcionar o no. Me pareció admirable. La mediación científica que llevamos a cabo allí reveló que había problemas en su plan de eliminación de residuos nucleares que otros cuarenta y tres estudios no habían descubierto. Descubrir esos problemas y otros más hizo que Suecia sometiese el plan de eliminación de residuos nucleares a nuevas rondas de discusión, y precisamente esa era la manera sabia de proceder. Cuando la ciencia está en tu contra, es de locos negarlo, o sostener que no es algo que esté tan bien demostrado como para preocuparse, como ocurre tan a menudo en Estados Unidos. La manera correcta de proceder es aceptar elegantemente los nuevos conocimientos y mejorar tu plan. NEA

39. La ciencia no puede demostrar la existencia del multiverso, lo que la convierte en un sistema basado en la fe. Si es así, ¿por qué hemos de adoptarlo?

Nadie debería «adoptar» el multiverso o la inflación eterna, o «creer en» ellos. En este momento de la historia de la ciencia, hay una nítida línea que separa la física de la metafísica, y esa línea la representa el instante de la inflación cósmica. La teoría de la inflación cósmica ha hecho una serie de predicciones, y la observación ha confirmado todas las predicciones que se han contrastado. Por lo tanto, la inflación cósmica es ciencia. Pero ¿qué ocurrió antes de la inflación cósmica? No hay pruebas que nos permitan todavía responder esa pregunta. No estamos diciendo que usted deba usted tener fe en la inflación eterna; decimos que debe tener fe en el método científico, y en la posibilidad de que algún día podamos contrastar las teorías de la inflación eterna. Si averiguamos la forma de hacerlo y nos encontramos con que la inflación eterna es falsa, pues ¡es falsa! No es, por lo tanto, algo en lo que haya que tener fe; es algo a lo que hoy cabe llamar metafísica, estando abiertos a la posibilidad de que algún día sea física. NEA

40. ¿Qué papel desempeña una religión progresista/ilustrada en su idea de una sociedad cósmica? ¿Da usted algún valor a la religión?

Le damos un valor muy elevado. Algunos de los mayores y más importantes descubrimientos sobre cómo pueden relacionarse unos seres humanos con otros, sobre cómo podemos amarnos unos a otros, sobre cómo podemos unirnos los unos con los otros, sobre cómo podemos construir comunidades y civilizaciones, sobre cómo podemos vivir vidas basadas en principios por encima del propio ego, sobre cómo podemos sentirnos conectados a un universo más grande e invisible, concibamos como concibamos ese universo, fueron efectuados y desarrollados por las religiones. Todas las religiones han creado un lenguaje metafórico que conecta a sus miembros no solo con otras personas, sino con lo invisible, con el significado de su universo. Los modernos todavía necesitamos todo eso. Necesitamos tomar prestadas muchas ideas e imágenes de las religiones, de modo que podamos *nosotros* entender cómo nos conectamos con nuestro universo, el que ahora sabemos que existe. Pero en todas las religiones hay también errores, que se han desarrollado a lo largo del tiempo a medida que las experiencias, creencias y opiniones de unos u otros han ido quedando incorporadas en la historia de la religión. Algunos de esos errores son realmente muy graves, potencialmente fatales. Y esperamos, como Dwight Terry decía al hacer la donación que costea estas conferencias, que asimilar la ciencia en la cultura conducirá en verdad a «una religión ensanchada y purificada», con lo cual esperamos que quisiese decir «purificada de errores», purificada de las partes que no nos sirven como seres humanos. Una religión purificada de esa forma podría guiar a una variedad más amplia de personas a través de las aguas no cartografiadas donde nos estamos internando.

La idea de que la sociedad cósmica puede ser un arca es muy importante. No significa que creamos que Noé salvó a una pareja de cada animal (o a siete de los limpios). No tenemos por qué tomarnos esas historias al pie de la letra, pero sí tenemos que buscar el significado de historias que nos hablan a través de las épocas y preguntarnos unos a otros: «¿Qué podemos aprender de eso?». Porque el hecho es que las imágenes religiosas tienen más resonancia que cualquier otra cosa. No se puede inventar un lenguaje más potente; un lenguaje tiene que surgir de la experiencia humana. Si no empleamos las imágenes religiosas, nuestras pedestres descripciones del nuevo universo acabarán teniendo seguramente tanto éxito como el esperanto. No se puede inventar una serie completamente nueva de imágenes para conectarnos con el universo: no sentiríamos nada. Tenemos que construir sobre lo mejor de nuestras culturas. Si las religiones se aferran a la interpretación literal de las escrituras, no servirán para la causa de la paz mundial o para las necesidades espirituales de una civilización global emergente. Pero si las religiones ilustradas quieren y pueden expandirse para abarcar nuevos conocimientos, les tocará un papel importantísimo y podrían ser una parte insustituible de la solución a largo plazo. NEA

Notas

Capítulo 1. El nuevo universo

1. Véase *Preguntas más frecuentes*, 1.

2. «Me gustaría resumir esos mensajes de la revolución de Darwin que considero que hacen añicos los pedestales en los que se asientan las viejas ideas con la siguiente declaración, que habría que salmodiar varias veces al día como un mantra de los Hare Krishna, para ayudar a que penetren en el alma: los seres humanos no somos el resultado final de un progreso evolutivo predecible, sino un fortuito añadido cósmico, un brote pequeño, diminuto, de la enorme arborescencia del matorral de la vida, en el cual, replantado de nuevo desde las semillas, no volvería a salir ese brote, ni quizá ningún otro con alguna propiedad a la que quisiéramos llamar conciencia». Stephen Jay Gould, *Dinosaur in a Haystack: Reflections in Natural History* (Nueva York: Three Rivers Press, 1995), 327 [*Un dinosaurio en un pajar: reflexiones sobre historia natural*, trad. Joandomènec Ros, no utilizada aquí, Editorial Crítica, 1998].

Capítulo 2. El tamaño es el destino

1. Sobre cosmología y moralidad, véase *Preguntas más frecuentes*, 34.

2. Que el tamaño más pequeño es el tamaño de Planck se explica en *Preguntas más frecuentes*, 25.

3. Del significado del tragarse la cola se habla en *Preguntas más frecuentes*, 26; su posible conexión con la teoría de cuerdas se explica en *Preguntas más frecuentes*, 27.

4. El porqué de la imposibilidad de conciencias de tamaño mucho mayor se explica en *Preguntas más frecuentes*, 30.

Capítulo 3. Somos polvo de estrellas

1. Para más información sobre los elementos de que estamos hechos véase *Preguntas más frecuentes*, 17.

2. Para más información acerca de qué podría ser la materia oscura, véase *Preguntas más frecuentes*, 4. Los neutrinos (que no aparecen en la pirámide de la densidad cósmica) aportan entre un 0,1 por ciento y el 1 por ciento de la densidad cósmica, como se explica en *Preguntas más frecuentes*, 5. Para más información sobre la energía oscura, véase *Preguntas más frecuentes*, 6 y *Preguntas más frecuentes*, 7. Incluimos tanto la densidad de masa como la de energía en la pirámide de la densidad cósmica por medio de $E = mc^2$, tal como se explica en *Preguntas más frecuentes*, 3.

3. Véase *Preguntas más frecuentes*, 1.

4. Para más información sobre cómo se forman las galaxias, véanse *Preguntas más frecuentes*, 13, y *Preguntas más frecuentes*, 15. Para más información sobre las simulaciones con superordenadores, véanse *Preguntas más frecuentes*, 14, y *Preguntas más frecuentes*, 16.

5. Para una explicación de por qué la telaraña cósmica de la materia oscura de la simulación Bolshoi tiene ese aspecto filamentoso, véanse *Preguntas más frecuentes*, 12, y *Preguntas más frecuentes*, 13.

Capítulo 5. Este momento es crítico para el cosmos

1. «Y algunas de las grandes imágenes del Apocalipsis nos trasladan a extrañas honduras y a extrañas y violentas convulsiones de libertad: realmente de verdadera libertad. Y a un escapar a *alguna parte*, no a un escapar a ninguna. Un escapar de la opresiva y pequeña jaula de nuestro universo; opresiva, pese a los vastos, inconcebibles trechos de espacio de los astrónomos; opresiva, porque no es más que una extensión continua, un desolado seguir y seguir, sin ningún significado; un escapar de ahí hacia el cosmos vital, hacia un sol lleno de vida salvaje que vuelve la vista hacia nosotros para vigorizar o agostar, maravilloso, mientras sigue su camino». D. H. Lawrence, *Apocalypse and the Writings on Revelation*, The Cambridge Edition of the Works of D. H. Lawrence, vol. 2, ed. Mara Kalnins (Cambridge: Cambridge University Press, 1980), 76 [*Apocalipsis*, trad. José Luis Palomares, no utilizada aquí, Cuadernos de Langre, 2008].

2. Como los geólogos y los biólogos evolucionistas, los astrónomos reconstruyen el pasado para entender el presente. Los accidentes del paisaje se erosionan y solo una pequeña fracción de los organismos se fosiliza, pero toda la energía que alguna vez hayan radiado las galaxias sigue fluyendo por el universo y es posible detectarla de una forma o de otra. Esa radiación ha sufrido alteraciones. Así, se produce un desplazamiento al rojo porque las longitudes de onda de los fotones se estiran a medida que el universo sigue expandiéndose, y algunos fotones de corta longitud de onda, como los rayos X y la luz ultravioleta, son absorbidos por el polvo y reemitidos a longitudes de onda más largas. Para discernir lo que pasó en el pasado cósmico tenemos que ver el espectro electromagnético entero, desde los rayos gamma de alta energía hasta las ondas de radio de larga longitud de onda. Por fortuna, los grandes observatorios que la NASA ha situado en el espacio cubren buena parte de ese intervalo de longitudes de onda, desde las longitudes de onda cortas hasta las

largas: los rayos X (el Observatorio Chandra de Rayos X), la radiación desde el ultravioleta cercano y la luz visible hasta el infrarrojo cercano (el restaurado telescopio espacial Hubble), y los infrarrojos (el telescopio espacial Spitzer). A estos grandes observatorios instalados en satélites espaciales se les han unido el telescopio de rayos X XMM Newton de la Agencia Europea del Espacio y el telescopio del infrarrojo lejano Herschel. Para más información sobre esto, véase Joel Primack, «Hidden Growth of Supermassive Black Holes in Galaxy Mergers,» *Science*, 30 de abril de 2010, 576–578.

3. De eso se habla en D. G. Korycansky, G. Laughlin y F. C. Adams, «Astronomical Engineering: A Strategy for Modifying Planetary Orbits,» *Astrophysics and Space Science*, 275 (2001): 349–366. El artículo explica con detalle cómo se pueden cambiar las órbitas planetarias alterando las de cometas grandes. Concluyen diciendo lo siguiente: «Una pega evidente de este método que hemos propuesto es lo sumamente peligroso que resulta. Habría que aplicar suficientes salvaguardas. La colisión con la Tierra de un objeto de cien kilómetros de diámetro a velocidad cósmica esterilizaría la biosfera de la manera más eficiente, al menos hasta el nivel de las bacterias. No puede exagerarse este peligro». Si nuestros descendientes remotos empleasen este método para que el clima de la Tierra se mantuviese tibio pese a la intensidad creciente de la radiación solar, podrían diseñar la órbita del cometa de modo que el momento neto que se impartiese a la Tierra estuviese dirigido en la dirección correcta para que la forma de la órbita no se alterase. La fuerza gravitatoria del cometa produciría en la Tierra una marea mucho mayor que las lunares, lo que afectaría a la rotación de la Tierra y a la órbita de la Luna, pero esos efectos se podrían anular mediante una elección apropiada de las órbitas de los cometas. Observe que si nuestros descendientes dominaran la técnica de alterar las órbitas de los cometas, también podrían proteger la Tierra de impactos futuros que pudiesen causar grandes extinciones. Este proyecto ha merecido ya la atención de organismos gubernamentales.

4. La manera en que los efectos cuánticos que se producen durante la expansión cósmica pueden crear diferencias de densidad se explica en *Preguntas más frecuentes*, 10.

5. De cómo puede proseguir una expansión constante se habla más en el capítulo 8.

Capítulo 6. El universo, a la Tierra

1. Se cuenta el origen de la mediación científica en *Preguntas más frecuentes*, 38. El artículo mencionado en el texto es este: Nancy Ellen Abrams y R. Stephen Berry, *Bulletin of the Atomic Scientists*, 33, núm. 4 (1977): 50–53. Para más información sobre la mediación científica en Suecia relativa a los residuos nucleares y lo que ocurrió después, véase Nancy E. Abrams, «Nuclear Politics in Sweden», *Environment*, 21, núm. 4 (1979): 6–11, 39–40. Estos artículos y otros relacionados con ellos se encuentran en la Red en http://physics.ucsc.edu/~joel/abramsprimack.html.

Capítulo 7. Un nuevo relato de los orígenes

1. Para más detalles sobre las fluctuaciones cuánticas durante la inflación cósmica, véase *Preguntas más frecuentes,* 10; sobre la gran aniquilación, véase *Preguntas más frecuentes,* 11; sobre lo que ocurrió en los primeros cien millones de años, véase *Preguntas más frecuentes,* 9. Para más información sobre la formación de las galaxias, véanse *Preguntas más frecuentes,* 13, y *Preguntas más frecuentes,* 15.

2. Sobre hasta qué punto hay que tomarse en serio las especulaciones sobre la inflación eterna, véase *Preguntas más frecuentes,* 39.

Capítulo 8. La sociedad cósmica, ahora

1. Martin Rees, «The Royal Society's Wider Role», *Science,* 25 de junio de 2010, 1611.

2. Para más detalles y referencias sobre las seis primeras razones por las que la Tierra es especial, véase nuestro libro *The View from the Center of the Universe: Discovering Our Extraordinary Place in the Cosmos* (Nueva York: Riverhead, 2006), cap. 8. Es mucho más fácil encontrar en los sistemas extrasolares júpiteres calientes y planetas de masa muy grande que planetas de tamaño terrestre, así que aún está por ver cuál es la probabilidad de que haya planetas terrestres. El artículo clave sobre el modelo de Niza es R. Gomes, H. F. Levison, K. Tsiganis y A. Morbidelli, «Origin of the Cataclysmic Late Heavy Bombardment Period of the Terrestrial Planets», *Nature,* B435 (2005): 466–469. Sobre las mayores cantidades de residuos y cometas alrededor de la mayoría de las estrellas similares al Sol en comparación con nuestro sistema solar, véase J. S. Greaves and M. C. Wyatt, «Debris Discs and Comet Populations around Sun-like Stars: The Solar System in Context,» *Monthly Notices of the Royal Astronomical Society,* 404 (2010): 1.944–1.951.

3. Los datos sobre el consumo de energía per cápita proceden del Centro de Análisis de la Información sobre el Dióxido de Carbono en el Laboratorio Nacional de Oak Ridge, http://cdiac.ornl.gov. El conocido economista británico Nicholas Stern ha defendido que, pese a lo urgente que es limitar el calentamiento global causado por los seres humanos, el crecimiento no es incompatible con la sostenibilidad. Véase Nicholas Stern, «Climate: What You Need to Know», *New York Review of Books,* 24 June 2010, 35–37. Para más información sobre el crecimiento económico y el medioambiente, véase *Preguntas más frecuentes,* 35.

4. La población de Estados Unidos es una de las que menos acepta la evolución biológica: J. D. Miller, E. C. Scott y S. Okamoto, «Public Acceptance of Evolution», *Science,* 11 de agosto de 2006, 765–766. Acerca de las declaraciones de autoridades religiosas sobre la compatibilidad de sus creencias con la evolución biológica, véanse *Science, Evolution, and Creationism* (Washington, DC: National Academies Press, 2008), 12–15, y Molleen Matsumura (a cargo de), *Voices for Evolution* (Berkeley, CA: National Center for

Science Education, 1995), 84–114. Véanse también James B. Miller (a cargo de), *An Evolving Dialogue: Scientific, Historical, Philosophical, and Theological Perspectives on Evolution* (Washington, DC: American Association for the Advancement of Science, 1998), y Michael Ruse, *The Evolution Wars: A Guide to the Debates* (New Brunswick, NJ: Rutgers University Press, 2001).

5. Que un pequeño grupo de científicos, poco expertos en los campos pertinentes pero con fuertes incentivos económicos, ha sembrado dudas como arma política se demuestra en Naomi Oreskes y Erik M. Conway, *Merchants of Doubt: How a Handful of Scientists Obscured the Truth on Issues from Tobacco Smoke to Global Warming* (Nueva York: Bloomsbury Press, 2010). Véase también Philip Kitcher, «The Climate Change Debates», *Science,* 4 de junio de 2010, 1.230–1.234.

6. Sobre la necesidad y la posible inspiración de un nuevo mito, véase *Preguntas más frecuentes,* 36.

7. Sobre el papel de las metáforas, véase *Preguntas más frecuentes,* 37. Sobre la religión, véase *Preguntas más frecuentes,* 40.

Preguntas más frecuentes

1. Clifford M. Will, *Was Einstein Right? Putting General Relativity to the Test,* 2ª ed. (Nueva York: Basic Books, 1993). Para una discusión técnica más actualizada, véase Clifford M. Will, «The Confrontation between General Relativity and Experiment», http://relativity.livingreviews.org/Articles/lrr-2006–3/.

2. Esta idea se propuso por primera vez en H. Pagels y J. R. Primack, «Supersymmetry, Cosmology, and New Physics at Teraelectronvolt Energies», *Physical Review Letters,* 48 (1982): 223–226.

3. E. Komatsu *et al.,* «Seven-Year WMAP Observations: Cosmological Interpretation», *Astrophysical Journal Supplement Series* ,192 18, tabla 2, nota g.

4. Shaun A. Thomas, Filipe B. Abdalla y Ofer Lahav, «Upper Bound of 0.28 eV on the Neutrino Masses from the Largest Photometric Redshift Survey,» *Physical Review Letters* 105 (2010): 031301.

5. B. Kayser, «Neutrino Mass, Mixing, and Flavor Change», http://pdg.lbl. gov/2008/reviews/rpp2008-rev-neutrino-mixing.pdf.

6. El estudio del Consejo Nacional de la Investigación, de la Academia Nacional de Ciencias, *NASA's Beyond Einstein Program: An Architecture for Implementation* (Washington, DC: National Academies Press, 2007), en el que Primack fue cosmólogo principal, recomendó como su mayor prioridad un observatorio espacial de la energía oscura de ese estilo, la Misión Conjunta de la Energía Oscura (JDEM). El texto del estudio se puede descargar de http:// www.nap.edu/catalog.php?record_id=12006. El Panel Asesor de la Física de Altas Energías (HEPAP) del Departamento de Energía de Estados Unidos y de la Fundación Nacional de Ciencias invitaron a Primack a que lo presentara ante ellas; su exposición se encuentra en http://www.er.doe.gov/hep/files/ pdfs/HEPAP-Primack.pdf. El estudio decenal de la Academia Nacional de

Ciencias de Estados Unidos para la década de 2010, *New Worlds, New Horizons in Astronomy and Astrophysics* (Washington, DC: National Academy Press, 2010), designó al Telescopio del Estudio en Infrarrojos de Campo Amplio (WFIRST), una versión actualizada del JDEM, como la misión espacial con mayor prioridad.

7. Para más información sobre el origen de las fluctuaciones durante la inflación cósmica, véase Alan Guth, *The Inflationary Universe: The Quest for a New Theory of Cosmic Origins* (Reading, MA: Addison-Wesley, 1997) [*El universo inflacionario: la búsqueda de una nueva teoría sobre los orígenes del cosmos,* trad. Fabián Chueca, Editorial Debate, 1999].

8. Números más precisos se dan en los libros de texto avanzados comunes, por ejemplo, Edward W. Kolb y Michael S. Turner, *The Early Universe* (Menlo Park, CA: Addison-Wesley, 1990), cap. 6; y D. Bailin y A. Love, *Cosmology in Gauge Field Theory and String Theory* (Bristol, UK: Institute of Physics Publishing, 2004). Esta última referencia (en la pág. 92) da el exceso de partículas de materia con respecto al de antimateria como $0{,}636 \times 10^{-9}$, con una incertidumbre de alrededor del 5 por ciento. Las teorías de la física de partículas moderna satisfacen las tres condiciones que Andréi Sájarov mostró que eran necesarias para explicar cómo podría haber surgido en el universo primitivo semejante asimetría de uno en mil millones.

9. *Bolshoi* es la palabra que significa 'grande' en ruso. El Ballet Bolshoi actúa en el Teatro Bolshoi de Moscú. Anatoly Klypin, ahora profesor de astronomía en la Universidad del Estado de Nuevo México, nació en Moscú. Para más detalles sobre la simulación Bolshoi, véase A. Klypin, S. Trujillo-Gómez y J. R. Primack, «Halos and Galaxies in the Standard Cosmological Model: Results from the Bolshoi Simulation», *Astrophysical Journal,* 740: 102, 2011.

10. Véanse John D. Barrow y Frank J. Tipler, *The Anthropic Cosmological Principle* (Oxford: Oxford University Press, 1988), y Martin J. Rees, *Just Six Numbers: The Deep Forces That Shape the Universe* (Nueva York: Basic Books, 2000) [*Seis números nada más,* trad. Fernando Velasco, Editorial Debate, 2001].

11. Para una introducción a la teoría de cuerdas, véase Brian Greene, *The Elegant Universe: Superstrings, Hidden Dimensions, and the Quest for the Ultimate Theory* (Nueva York: Vintage, 2000) [*El universo elegante: supercuerdas, dimensiones ocultas y la búsqueda de una teoría definitiva,* trad. Mercedes García Garnilla, Editorial Crítica, 2005].

12. G. R. Blumenthal, S. M. Faber, J. R. Primack y M. J. Rees, «Formation of Galaxies and Large-Scale Structure with Cold Dark Matter», *Nature,* 311 (1984): 517–525.

13. Véase, p. ej., Heinz Pagels, *The Cosmic Code: Quantum Physics as the Language of Nature* (Nueva York: Simon and Schuster, 1982), cap. 12 [*El código del universo: un lenguaje de la naturaleza*, trad. Emilio Ibáñez de la Fuente y Marta Oyonarte Gálvez, Ediciones Pirámide, 1989], y Bruce Rosenblum y Fred Kuttner, *The Quantum Enigma: Physics Encounters Consciousness* (Oxford: Oxford University Press, 2006), 186 [*El enigma cuántico: encuentros entre la física y la conciencia*, trad. Ambrosio García Leal, Tusquets Editores, 2010].

14. Véanse también Gilbert Ryle, *The Concept of Mind* (Nueva York: Hutchinson's University Library, 1949) [*El concepto de lo mental*, trad. Eduardo Rabossi, Ediciones Paidós Ibérica, 2005], y Antonio Damasio, *Descartes' Error: Emotion, Reason, and the Human Brain* (Nueva York: G. P. Putnam, 1994) [*El error de Descartes: la emoción, la razón y el cerebro humano*, trad. Joandomènec Ros, Editorial Crítica, 2004].

15. Arthur H. Rosenfeld, «The Art of Energy Efficiency», *Annual Reviews of Energy and Environment*, 24 (1999): 33–82. También *VFTC*, 264.

16. George Lakoff y Mark Johnson, *Metaphors We Live By* (Chicago: University of Chicago Press, 1980).

Más lecturas recomendadas

Introducción a la cosmología moderna

Adams, Fred C., y Gregory Laughlin. *The Five Ages of the Universe: Inside the Physics of Eternity.* Nueva York: Free Press, 2000. Dos astrofísicos explican las mejores ideas de que disponemos hoy sobre el pasado y el futuro remotos del universo.

Davies, Paul. *The Last Three Minutes: Conjectures about the Ultimate Fate of the Universe.* Nueva York: Basic Books, 1997 [*Los tres últimos minutos: conjeturas acerca del destino final del universo,* trad. Francisco Páez de la Cadena, Editorial Debate, 2001]. Un entretenido examen de las postrimerías cosmológicas.

Primack, Joel R., y Nancy Ellen Abrams. *The View from the Center of the Universe: Discovering Our Extraordinary Place in the Cosmos.* Nueva York: Riverhead, 2006. Una exposición accesible de la cosmología moderna y de lo que podría estar diciéndonos acerca de cómo encajamos los seres humanos en el universo. Incluye la historia de cosmologías más antiguas, detalles científicos y referencias.

Rees, Martin J. *Just Six Numbers: The Deep Forces That Shape the Universe,* Nueva York: Basic Books, 2000 [*Seis números nada más,* trad. Fernando Velasco, Editorial Debate, 2001]. Una introducción a las cuestiones «antrópicas» en cosmología: por qué la naturaleza del universo está determinada por un pequeño número de parámetros cósmicos y por qué las criaturas como nosotros serían imposibles si cualquiera de esos números fuese significativamente diferente.

———— *Our Cosmic Habitat*. Princeton, Nueva Jersey: Princeton University Press, 2001 [*Nuestro hábitat cósmico*, trad. Joandomènec Ros, Ediciones Paidós Ibérica, 2002]. Una versión más informal del libro anterior. Se basa en las conferencias Scribner que Rees dio en la Universidad de Princeton.

Seife, Charles. *Alpha and Omega: The Search for the Beginning and End of the Universe*. Nueva York: Viking, 2003. Un vistazo general de la cosmología por un periodista científico.

Weinberg, Steven. *The First Three Minutes: A Modern View of the Origin of the Universe*. 2.ª ed. Nueva York: Basic Books, 1993 [*Los tres primeros minutos del universo*, trad. Néstor Míguez, Alianza Editorial, 1996, 2009]. La primera exposición divulgativa de la cosmología moderna, escrita por un premio Nobel que fue uno de los principales creadores del modelo estándar de la física de partículas.

Introducción a la cosmología moderna. Libros de texto accesibles

Harrison, Edward R. *Cosmology: The Science of the Universe*. 2.ª ed. Cambridge: Cambridge University Press, 2000. Ilustraciones esclarecedoras y complementos históricos. Se analizan varias cosmologías posibles, pero no los datos recientes que respaldan con fuerza la teoría de la doble oscuridad.

Ryden, Barbara. *Introduction to Cosmology*. San Francisco: Addison-Wesley, 2003. En este libro para estudiantes de licenciatura se resalta la teoría de la doble oscuridad —en él denominada «modelo de referencia»–.

Shu, Frank. *The Physical Universe: An Introduction to Astronomy*. Sausalito, California: University Science Books, 1982. Un libro maravilloso para estudiantes de licenciatura de física.

Historia de la cosmología

Ferris, Timothy. *Coming of Age in the Milky Way*. Nueva York: Morrow, 1988. Introducción histórica a las grandes cuestiones de la astronomía.

Goldsmith, Donald. *400 Years of the Telescope: A Journey of Science, Technology and Thought*. Chico, California: Interstellar Studios, 2009. Excelente libro del programa del mismo nombre de la cadena de televisión pública estadounidense PBS. Explica cómo unos mejores telescopios han conducido a nuevos descubrimientos sobre el universo.

Kuhn, Thomas S. *The Copernican Revolution: Planetary Astronomy in the Development of Western Thought*. Cambridge, MA: Harvard University Press, 1957 [*La revolución copernicana*, trad. Domènec Bergadà, Editorial Ariel, 1985]. Una exposición clásica de los orígenes históricos y el impacto cultural de la primera revolución científica.

Lemonick, Michael D. *The Light at the Edge of the Universe: Dispatches from the Front Lines of Cosmology*. Princeton, Nueva Jersey: Princeton University Press, 1993. Una descripción que hace sentir como si se hubiese asistido personalmente a un período apasionante de la cosmología moderna.

Overbye, Dennis. *Lonely Hearts of the Cosmos: The Story of the Scientific Quest for the Secret of the Universe*, Nueva York: Harper Perennial, 1992 [*Corazones solitarios en el cosmos*, trad. Miguel Muntaner y María del Mar Moya. Editorial Planeta, 1992]. Se centra en los científicos que participaron en el desarrollo de la cosmología moderna, en especial Alan Sandage; incluye entrevistas con Joel R. Primack y acaba con la letra de una canción de Nancy Ellen Abrams escrita para un congreso de cosmología celebrado en 1986.

Yulsman, Tom. *Origins: The Quest for Our Cosmic Roots*. Bristol, R.U.: Institute of Physics Publishing, 2003. Introducción histórica escrita por un periodista científico. Se basa en parte en entrevistas con varios de los líderes de la cosmología moderna.

Inflación cósmica

Barrow, John D. *The Book of Nothing: Vacuums, Voids, and the Latest Ideas about the Origins of the Universe.* Nueva York: Vintage Books, 2000 [*El libro de la nada,* trad. Javier García Sanz, Editorial Crítica, 2002]. La historia, la filosofía y la ciencia del espacio vacío.

Davies, Paul. *Cosmic Jackpot: Why Our Universe Is Just Right for Life.* Boston: Houghton Mifflin, 2007. Una vertiginosa excursión a través de formas contrapuestas, y a veces extremas, de ver la naturaleza más profunda de este y de otros universos posibles.

Ferris, Timothy. *The Whole Shebang: A State-of-the-Universe(s) Report.* Nueva York: Simon and Schuster, 1997 [*Informe sobre el universo,* trad. Javier García Sanz, Editorial Crítica, 1998]. Un repaso de la cosmología moderna que presta particular atención a las ideas relativas al multiverso.

Guth, Alan. *The Inflationary Universe: The Quest for a New Theory of Cosmic Origins.* Reading, MA: Addison-Wesley, 1997 [*El universo inflacionario: la búsqueda de una nueva teoría sobre los orígenes del cosmos,* trad. Fabián Chueca, Editorial Debate]. Accesible introducción al universo inflacionario por su principal creador.

Rees, Martin J. *Before the Beginning: Our Universe and Others.* Cambridge, MA: Helix Books, 1997 [*Antes del principio: el cosmos y otros universos,* trad. Néstor Herrán, Tusquets Editores, 1999]. Introducción popular a la cosmología y la teoría de la inflación por un astrofísico teórico eminente.

Vilenkin, Alex. *Many Worlds in One: The Search for Other Universes.* Nueva York: Hill and Wang, 2006. Exposición divulgativa de cómo podrían haber empezado nuestro universo y otros, por un teórico que creó algunas de esas ideas.

Materia oscura

Bartusiak, Marcia. *Through a Universe Darkly: A Cosmic Tale of Ancient Ethers, Dark Matter, and the Fate of the Universe.* Nueva York: HarperCollins, 1993. Introducción histórica, escrita antes de que se dispusiese de muchas de las pruebas observacionales pertinentes.

Freeman, Ken, y Geoff McNamara. *In Search of Dark Matter.* Berlín: Springer, 2006. Introducción histórica escrita por un conocido astrónomo observacional y un profesor de ciencias.

Krauss, Lawrence M. *Quintessence: The Mystery of the Missing Mass.* Nueva York: Basic Books, 2000 [*La quinta esencia,* trad. Miguel Sánchez Portal, Alianza Editorial, 1992]. Introducción a la materia oscura y a la energía oscura por un astrofísico teórico que es, además, divulgador científico.

Física de partículas

Feynman, Richard. *QED: The Strange Theory of Light and Matter,* Princeton, Nueva Jersey: Princeton University Press, 1988 [*Electrodinámica cuántica: la extraña teoría de la luz y la materia,* trad. Ana Gómez Antón, Alianza Editorial, 1992, 2012]. Atractiva introducción a la electrodinámica cuántica por el físico ganador del premio Nobel que en gran parte la inventó.

Kane, Gordon. *The Particle Garden: Our Universe as Understood by Particle Physicists.* Cambridge, MA: Helix Books, 1995. Introducción al modelo estándar de la física de partículas, y a por qué es incompleto.
——— *Supersymmetry: Unveiling the Ultimate Laws of Nature.* Cambridge, MA: Helix Books, 2000. Por qué la supersimentría es la mejor idea para ir más allá del modelo estándar de la física de partículas.

Weinberg, Steven. *Dreams of a Final Theory: The Scientist's Search for the Ultimate Laws of Nature.* Nueva York: Pantheon Books, 1994 [*El sueño de una teoría final: la búsqueda de las leyes finales del universo,* trad. Javier García Sanz, Editorial Crítica, 2001, 2004, 2010]. Reflexiones históricas y filosóficas sobre la física de partículas por un maestro de nuestros días.

Gravedad y relatividad general

Begelman, Mitchell C., y Martin J. Rees. *Gravity's Fatal Attraction: Black Holes in the Universe.* Nueva York: Scientific American Library, 1998. Atractiva exposición ilustrada, por dos destacados expertos.

Schutz, Bernard F. *Gravity from the Ground Up: An Introductory Guide to Gravity and General Relativity.* Cambridge: Cambridge University Press, 2003. Introducción, sofisticada aunque no sea matemática, a los muchos papeles que desempeña la gravedad en el universo.

Thorne, Kip. *Black Holes and Time Warps: Einstein's Outrageous Legacy.* Nueva York: Norton, 1994 [*Agujeros negros y tiempo curvo: el escandaloso legado de Einstein,* trad. Rafael García Sanz, Editorial Crítica, 1995]. Introducción a la relatividad general y a los trabajos modernos sobre ella, con anécdotas maravillosas.

Vida en el universo

Davies, Paul. *The Fifth Miracle: The Search for the Origin of Life.* Nueva York: Simon and Schuster, 2000 [*El quinto milagro: la búsqueda del origen y del significado de la vida,* trad. Javier García Sanz, Editorial Crítica, 2000]. La vida terrestre quizá se originó en Marte, y otras perspectivas apasionantes.

Ferris, Timothy. *Life beyond Earth.* Nueva York: Simon and Schuster, 2000. Libro bellamente ilustrado del programa de Ferris para la cadena de televisión pública estadounidense PBS.

Grinspoon, David. *Lonely Planets: The Natural Philosophy of Alien Life.* Nueva York: HarperCollins, 2003. Visión personal de la astronomía planetaria y la astrobiología.

Krauss, Lawrence M. *Atom: An Odyssey from the Big Bang to Life on Earth... and Beyond.* Boston: Little, Brown, 2001. [*Historia de un átomo: una odisea desde el big bang hasta la vida en la Tierra —y más allá,* trad. Francisco Páez de la Cadena, Editoral Laetoli, 2005]. Sigue los pasos de un átomo de oxígeno desde el *Big Bang* hasta los organismos vivos.

Lemonick, Michael D. *Other Worlds: The Search for Life in the Universe.* Nueva York: Simon and Schuster, 1998. Un vistazo general escrito por el que fuera redactor científico de *Time.*

Morris, Simon Conway. *Life's Solution: Inevitable Humans in a Lonely Universe.* Cambridge: Cambridge University Press, 2003. Una destacada autoridad sobre la aparición de los grandes organismos en la Tierra sostiene que no debería sorprendernos que en su evolución hayan llegado a convertirse en criaturas inteligentes, en seres humanos.

Primack, Joel R. y Nancy Ellen Abrams. *The View from the Center of the Universe: Discovering Our Extraordinary Place in the Cosmos.* Nueva York: Riverhead, 2006. El capítulo 8 trata de la vida en el universo.

Shostak, Seth. *Confessions of an Alien Hunter: A Scientist's Search for Extraterrestrial Intelligence.* Washington, DC: National Geographic, 2009. Atractivo relato personal de uno de los científicos principales del Instituto SETI.

Ward, Peter D., y Donald Brownlee. *The Life and Death of Planet Earth: How the New Science of Astrobiology Charts the Ultimate Fate of Our World.* Nueva York: Henry Holt, 2002. La luminosidad creciente del Sol condena en última instancia a la Tierra.

La vida en el universo. Libros de texto accesibles

Goldsmith, Donald. *The Quest for Extraterrestrial Life: A Book of Readings.* Mill Valley, California: University Science Books, 1980. Una colección de artículos clásicos, muchos de los cuales siguen siendo esenciales.

Lunine, Jonathan Irving. *Astrobiology: A Multidisciplinary Approach.* San Francisco: Pearson Addison Wesley, 2005. De la ciencia básica a las fronteras de la investigación sobre la vida y la evolución planetaria.

Cambio climático y otros problemas medioambientales

Cohen, Joel E. *How Many People Can the Earth Support?* Nueva York: W. W. Norton, 1995. Resumen clásico de los muchos enfoques con que se ha abordado la pregunta de cuánta población puede sustentar la Tierra.

Diamond, Jared. *Collapse: How Societies Choose to Fail or Succeed.* Nueva York: Viking, 2005 [*Colapso: por qué unas sociedades perduran y otras desaparecen,* trad. Ricardo García Pérez, Editorial Debate, 2006]. Vívidas descripciones de diversas catástrofes medioambientales, que conducen a un análisis de la supervivencia global. Las respuestas de Diamond al final del libro a los muchos que niegan nuestros problemas medioambientales son especialmente recomendables.

Gore, Al. *An Inconvenient Truth: The Planetary Emergency of Global Warming and What We Can Do about It.* Emmaus, Pensilvania: Rodale, 2006 [*Una verdad incómoda: la crisis planetaria del calentamiento global y cómo afrontarla,* trad. Rafael González del Solar, Editorial Gedisa, 2007]. El libro de la película de Gore que ganó el Oscar, con fotos y referencias.

————. *Our Choice: A Plan to Solve the Climate Crisis.* Emmaus, Pensilvania: Rodale, 2009 [*Nuestra elección: un plan para resolver la crisis climática,* trad. Rafael González del Solar, Editorial Gedisa, 2010]. Una práctica guía ilustrada a las nuevas tecnologías útiles contra la crisis climática.

Hawken, Paul. *Blessed Unrest: How the Largest Movement in the World Came into Being and Why No One Saw It Coming.* Nueva York: Viking, 2007. Unas pruebas impresionantes y el análisis respaldan la idea defendida en este libro de que existe una pauta mundial de transformación en lo que, al principio, parecen millones de pequeños intentos inconexos de protección del medio ambiente o de promoción de la justicia social.

Muller, Richard A. *Physics for Future Presidents: The Science behind the Headlines.* Nueva York: W. W. Norton, 2008 [*Física para futuros presidentes,* trad. Víctor Úbeda, Antoni Bosch editor, 2009]. Manual introductorio sobre la física de las armas nucleares, el calentamiento global y otros problemas, basado en el popular curso que Muller impartía en la Universidad de California en Berkeley.

Rees, Martin J. *Our Final Hour: A Scientist's Warning: How Terror, Error, and Environmental Disaster Threaten Humankind's Future in This Century on Earth and Beyond.* Nueva York: Basic Books, 2003 [*Nuestra hora final: ¿será el siglo XXI el último de la humanidad?*, trad. Joan Lluís Riera, Editorial Crítica, 2004]. Catálogo de los riesgos que corre hoy la humanidad, por un eminente astrofísico que presidió la Royal Society.

Schneider, Stephen H. *Science as a Contact Sport: Inside the Battle to Save Earth's Climate.* Washington, DC: National Geographic, 2009. Memorias políticas y científicas de un destacado climatólogo que murió en 2010 y cuyos trabajos contribuyeron a que el Panel sobre el Cambio Climático compartiese en 2007 el Premio Nobel de la Paz con Al Gore. Describe sus luchas simultáneas por averiguar cómo está cambiando el clima y por conseguir que el mundo haga algo al respecto.

Speth, James Gustave. *The Bridge at the Edge of the World: Capitalism, the Environment, and Crossing from Crisis to Sustainability.* New Haven: Yale University Press, 2008. Por qué llegar a la sostenibilidad requerirá cambios culturales y económicos de gran magnitud.

Stern, Nicholas. «Climate: What You Need to Know.» *Nueva York Review of Books,* June 24, 2010, 35–37. El destacado economista británico sostiene que, pese a lo urgente que es limitar el calentamiento global causado por los seres humanos, el crecimiento no es incompatible con la sostenibilidad.

Taylor, Graeme. *Evolution's Edge: The Coming Collapse and Transformation of Our World.* Gabriola Island, BC: New Society Publishers, 2008. Los obstáculos con que tropieza el progreso hacia la sostenibilidad y lo que el mundo ha de decidir para superarlos.

Weart, Spencer R. *The Discovery of Global Warming: Revised and Expanded Edition.* Cambridge, MA: Harvard University Press, 2008 [*El calentamiento global: historia de un descubrimiento científico*, trad. de una edición anterior, José Luis Gil Aristu, Editorial Laetoli, 2006]. La historia de la ciencia del clima por un historiador de la ciencia. Véase también http://www.aip.org/history/climate/.

Wilson, Edward O. *The Future of Life.* Nueva York: Vintage Books, 2002 [*El futuro de la vida,* trad. Joandomènec Ros, Galaxia Gutenberg, Círculo de Lectores, 2002]. El gran desafío del siglo XXI será que «los pobres lleguen a tener un nivel de vida decente en el mundo mientras se preservan las demás formas de vida tanto como sea posible».

Cosmology and Religion

Barbour, Ian G. *Religion and Science: Historical and Contemporary Issues.* San Francisco, California: Harper SanFrancisco, 1997. Un repaso por un destacado erudito, basado en sus Conferencias Gifford.

Davies, Paul. *The Mind of God: The Scientific Basis for a Rational World.* Nueva York: Simon and Schuster, 1993 [*La mente de Dios,* trad. de Lorenzo Abellanas, McGraw-Hill/Interamericana de España, 1993]. Cuestiones teológicas suscitadas por la relatividad, la teoría cuántica y la cosmología.

Ferguson, Kitty. *The Fire in the Equations: Science, Religion, and the Search for God.* Nueva York: Bantam Press, 1994. Una respuesta a la pregunta que Stephen Hawking hace en *Una breve historia del tiempo:* «¿Qué insufla fuego en las ecuaciones y hace un universo para que lo que describan?».

Frank, Adam. *The Constant Fire: Beyond the Science vs. Religion Debate.* Berkeley: University of California Press, 2009. La cosmología como narrativa sagrada, por un astrofísico literato.

Jammer, Max. *Einstein and Religion: Physics and Theology.* Princeton, Nueva Jersey: Princeton University Press, 1999.

Matt, Daniel C. *God and the Big Bang: Discovering Harmony between Science and Spirituality.* Woodstock, VT: Jewish Lights, 1996. Perspectiva mística judía sobre la cosmología moderna.

Wilson, David Sloan. *Darwin's Cathedral: Evolution, Religion, and the Nature of Society*. Chicago: University of Chicago Press, 2002. Explicación evolutiva de la religión que subraya la manera en que esta promueve la cohesión social.

La creación de un nuevo mito unificador

Berry, Thomas. *The Dream of the Earth*. 2.ª ed. San Francisco: Sierra Club Books, 2006. Libro poético y profético sobre el origen de nuestros problemas medioambientales y los cambios culturales y espirituales necesarios para abordarlos.

Campbell, Joseph. *The Inner Reaches of Outer Space: Metaphor as Myth and as Religion*. Nueva York: A. van der Marck Editions, 1986. El último libro del famoso mitólogo persigue un nuevo relato de los orígenes, basado en la ciencia y que se comparta globalmente.

Kauffman, Stuart A. *Reinventing the Sacred: A New View of Science, Reason, and Religion*. Nueva York: Basic Books, 2008. Sugiere que la creatividad natural del universo, que se manifiesta en que vaya emergiendo una complejidad creciente, es una nueva forma de lo sagrado.

Wright, Robert. *The Evolution of God*. Nueva York: Little, Brown, 2009. Cómo ha ido la religión abrazando a grupos cada vez más inclusivos, y cómo una inclusividad aún mayor podría salvarnos.
——— *Nonzero: The Logic of Human Destiny*. Nueva York: Vintage, 2001. Por qué la selección natural y la evolución cultural humana favorecen situaciones en las que ganan todos, y cómo podría la cooperación ayudarnos a alcanzar la sostenibilidad.

Sobre las ilustraciones

◉ Este símbolo indica que en new-universe.org se puede ver un vídeo asociado, donde también se encontrarán más vídeos, información sobre las ilustraciones y enlaces con sus fuentes.

Capítulo 1. El nuevo universo

Figura 1. *Saturno con la Tierra al fondo.* Esta foto fue tomada por la nave espacial Cassini, en órbita alrededor de Saturno. Imagen: NASA/JPL/Space Science Institute.

Figura 2. *El campo ultraprofundo del Hubble en luz infrarroja.* De esta foto, que se tomó con la cámara de campo ancho número 3 del telescopio espacial Hubble, se habla más al principio del capítulo 4. Imagen: NASA, ESA, G. Illingworth y R. Bouwens (University de California en Santa Cruz) y el equipo HUDF09.

Figura 3. *El cosmos de los antiguos egipcios, versión simplificada.* Ilustración: Nicolle Rager Fuller.

Figura 4. *El cosmos de los antiguos hebreos.* Ilustración: Nina McCurdy.

Figura 5. *El cosmos medieval.* Hemos dibujado aquí las esferas tal como las describieron los medievales y como las habrían dibujado ellos mismos si hubiesen sabido dibujar en perspectiva. Ilustración: Nicolle Rager Fuller.

Figura 6. *El cosmos newtoniano, según lo representa la* División cúbica del espacio *de M. C. Escher. División cúbica del espacio* de M. C. Escher © 2010 The M. C. Escher Company; Holanda. Todos los derechos reservados. www.mcescher.com. Se reproduce con permiso.

Figura 7. *El mapa de la Vía Láctea que dibujó William Herschel.*

Figura 8. *Nuestras señas en el universo.* Imagen cortesía de NASA Images; los datos del Estudio Digital Sloan del Cielo (SDSS) cortesía de SDSS. Ilustración: Nicolle Rager Fuller/Nina McCurdy/NASA/ JPL-Caltech/M. Tegmark y la Colaboración SDSS, www.sdss.org.

▣ El vídeo *Viaje al cúmulo de Virgo Cluster*, en http://new-universe. org.

Figura 9. *La nebulosa de Orión.* Esta imagen se tomó con la Cámara Avanzada para Estudios del Cielo, instalada en el telescopio espacial Hubble. Imagen: NASA, ESA, M. Robberto (Instituto de Ciencia del Telescopio Espacial/ESA) y el equipo del Proyecto Orión del Programa Tesoro del telescopio espacial Hubble.

Figura 10. *La galaxia Vía Láctea con las Nubes de Magallanes grande y pequeña.* Montaje de Nina McCurdy, que incluye una representación artística de la Vía Láctea por Nick Risinger, que adapta imágenes de la NASA.

Figura 11. *El cúmulo de Virgo y una cadena de galaxias.* Imagen del vídeo *Viaje al cúmulo de Virgo.* Las galaxias de la cadena pertenecen en su mayor parte a los grupos de la Osa Mayor. Imagen: Cortesía de PBS NOVA television/Donna Cox/Stuart Levy.

Figura 12. *La galaxia del Remolino (M51).* El telescopio espacial Hubble tomó esta foto. Imagen: NASA, ESA, S. Beckwith y el equipo del Proyecto Legado del Hubble (STScI/AURA).

Figura 13. *Carlitos y Snoopy: «No tienes la menor importancia».* Peanuts © 1997, United Features Syndicate, Inc. Se reproduce con permiso.

Figura 14. *Calvin y Hobbes: «¡Qué noche tan clara!»* Calvin and Hobbes © 1988 Watterson. Distr. por Universal Uclick. Se reimprime con permiso. Se reservan todos los derechos.

Capítulo 2. El tamaño es el destino

Figura 15. *El Uroboros cósmico.* El Uroboros va del menor tamaño posible, el tamaño de Planck (10^{-33} cm), en la punta de la cola, al tamaño del universo visible entero (10^{29} cm), en la cabeza de la serpiente. En la física moderna las fuerzas nacen del intercambio de partículas. El fotón, la partícula de la luz, es responsable de las fuerzas eléctricas y magnéticas. Unas partículas análogas, los gluones, transmiten la fuerza fuerte, que mantiene unidos a los protones, a los neutrones y al núcleo atómico entero. Las interacciones débiles, responsables de ciertos tipos de desintegraciones radiactivas, se deben al intercambio de las partículas con masa W y Z. En una teoría de gran unificación (GUT, su acrónimo en inglés), todas estas fuerzas se juntan y tienen la misma intensidad en escalas muy pequeñas, representadas por «GUT» en la cola de la serpiente. Ilustración: Nicolle Rager Fuller.

▣ Zoom *en potencias de diez,* de la película IMAX *Cosmic Voyage,* vídeo en http://new-universe.org.

Capítulo 3. Somos polvo de estrellas

Figura 16. *La pirámide de la materia visible.* Ilustración: Nicolle Rager Fuller.

Figura 17. *La pirámide de la densidad cósmica.* Ilustración: Nicolle Rager Fuller.

Figura 18. *Barcos de materia oscura en un océano de energía oscura.* Ilustración: Garth von Ahnen.

Figura 19. *El ojo de la pirámide de la materia visible.* Detalle de la figura 16.

Capítulo 4. Nuestro lugar en el tiempo

Figura 20. *La esfera de la radiación del fondo cósmico de microondas.* Imagen fija extraída del vídeo ▣ *El Estudio Digital Sloan del Cielo cartografía las galaxias.* Cortesía de Mark SubbaRao y Dinoj Surendran, Planetario Adler/Universidad de Chicago. Se reproduce con permiso.

Figura 21. *Las esferas cósmicas del tiempo.* Ilustración: Nicolle Rager Fuller.

Capítulo 5. Este momento es crítico para el cosmos

Figura 22. *La luminosidad cambiante del sol.* Ilustración: Nina McCurdy, valiéndose de datos de I.-Juliana Sackmann, Arnold I. Boothroyd y Kathleen E. Kraemer, «Our Sun. III. Present and Future», *Astrophysical Journal,* 418 (1993): 457.

Figura 23. *El crecimiento de la población humana.* Ilustración: Nicolle Rager Fuller/Nina McCurdy.

Figura 24. *Crecimiento exponencial del verdín de un estanque.* Ilustración: Nina McCurdy.

Figura 25. *Inflación y expansión cósmicas.* Ilustración: Nicolle Rager Fuller.

Capítulo 6. El universo, a la Tierra.

Figura 26. *La concentración de dióxido de carbono en la atmósfera, con la contribución humana exponencialmente creciente.* Ilustración: Nina McCurdy, valiéndose de datos del Programa de Investigaciones del Cambio Global, de Estados Unidos (www.globalchange.gov).

Figura 27. *Emisiones de carbono previstas hasta 2100 y los datos reales hasta el momento actual.* La curva roja, pesimista, representa la continuidad del actual estado de cosas (IPCC 2007, escenario A2), y la azul, optimista, una reducción agresiva de las emisiones de carbono (IPCC 2007, escenario B1). Según el Programa de Investigaciones del Cambio Global, de Estados Unidos (www.globalchange.gov), menos los datos hasta el momento actual, que son del Centro de Análisis de la Información sobre el Dióxido de Carbono, Laboratorio Nacional de Oak Ridge (cdiac.ornl.gov).

Figura 28. *Desechos espaciales en órbitas terrestres bajas.* En las órbitas terrestres bajas —las que no están a más de dos mil kilómetros de la superficie de la Tierra— es donde más se concentran los desechos espaciales. Solo alrededor del 5 por ciento de los objetos de esta ilustración son satélites que funcionen. Ilustración de la NASA por cortesía de la Oficina del Programa de la NASA para los Desechos Orbitales.

Capítulo 7. Un nuevo relato de los orígenes

Figura 29. *Radiación del fondo cósmico de microondas.* Imagen: NASA.

Capítulo 8. La sociedad cósmica ahora

Figura 30. *El Uroboros de la identidad humana.* Ilustración: Nina McCurdy.

Figura 31. *El niño y el cosmos.* Foto de la Tierra: Copyright © Planetary Visions Ltd., con agradecimiento a Kevin M. Tildsley. Se reproduce con permiso. Foto del niño: Nancy Ellen Abrams. Montaje: Nina McCurdy.

🔲 El vídeo *De la inflación eterna a la Tierra* en http://new-universe.org.

Preguntas más frecuentes

Figura 32. *La historia de las fusiones de un gran halo de materia oscura.* El tiempo aumenta hacia la derecha. Los radios de los halos de materia oscura se representan mediante círculos azules; el tamaño de sus regiones centrales, por medio de los puntos rojos. Cuando todavía ha pasado poco tiempo, muchos halos pequeños se funden formando halos mayores, que acaban fusionándose en uno solo grande. Ilustración: Risa H. Wechsler, James S. Bullock, Joel R. Primack, Andrey V. Kravtsov y Avishai Dekel, «Concentrations of Dark Halos from Their Assembly Histories», *Astrophysical Journal*, 566 (2002): 52–70, fig. 2.

Índice analítico